MORGENSTERN/PLATH · AIRBUS A320/A321

KARL MORGENSTERN · DIETMAR PLATH

Airbus A320/A321

MOTORBUCH VERLAG STUTTGART

Umschlaggestaltung: Gunar Braunke, unter Verwendung eines Dias von Dietmar Plath

ISBN 3-613-01360-6

2. Auflage 1992
Copyright © by Motorbuch Verlag, Postfach 103743, 7000 Stuttgart 10.
Ein Unternehmen der Paul Pietsch-Verlage GmbH & Co.
Sämtliche Rechte der Speicherung, Vervielfältigung und Verbreitung sind vorbehalten.
Satz: Dr. Cantz, 7302 Ostfildern 1
Druck: Druckerei Röhm GmbH, 7032 Sindelfingen
Bindung: Verlagsbuchbinderei Karl Dieringer, 7016 Gerlingen
Printed in Germany

Inhalt

Vorwort	7
Flug ins Guinness-Buch der Rekorde	8
Der »Fliegende Rucksack« wurde unentbehrlich	14
Der verschobene Erstflug oder warum Pierre Baud warten mußte	18
Doktorarbeit über Kernbrennstoffe	21
Auch die Flugzeugführer der Zukunft bleiben vor allem Piloten	33
Wandel im Cockpit: Gestatten, Ariane Kall, A 320-Pilotin	38
Heiße Luft beflügelt	49
Der Mittelstand verdient am Airbus	55
26. Juni 1988, 14:45:41 Uhr	73
Der Kranich zierte sich lange	82
Vier Jahre Countdown	86
Amerikanische Lektionen	97
Erstaunliche britische Metamorphose	103
Kollege Computer kommt sofort – das digitale Cockpit	105
Frauen, die den Airbus bauen	108
Ein historisches Datum: 2. März 1990	121
Narrow Body-Zentrum der Zukunft in Hamburg?	123
Nachtrag	135

Vorwort

Zwei Jahrzehnte nach der Geburtsstunde des Airbus-Programms kann das europäische Flugzeugkonsortium Airbus Industrie auf eine starke Entwicklung zurückblicken.

Seit dem Startschuß im Mai 1969 für das zweistrahlige Mittelstrecken-Verkehrsflugzeug Airbus A 300, das 1974 erstmals seinen Liniendienst aufnahm, brachte Airbus Industrie bereits 1983 eine kleinere Version A 310 mit 218 Sitzen an den Start und 1984 wurde das Nachfolgemodell A 300-600 für den Airbus A 300 eingeführt.

Am 22. Februar 1987 folgte dann der erste Narrowbody-Airbus A 320, der sich zu einem Bestseller der europäischen Flugzeugbauer entwickelte. Von dem vollständig im Computer entwickelten Verkehrsjet für 150 Passagiere wurden bereits zum Zeitpunkt seines Erstfluges 307 Flugzeuge verkauft und Mitte 1990 waren es bereits über 800 Flugzeuge.
Ein Erfolg, der weltweit bisher einmalig im zivilen Flugzeugbau ist.

Einen ähnlichen Erfolg erwartet Airbus Industrie von der längeren 189sitzigen Version A 321, der im März 1993 seinen Erstflug in Hamburg absolvieren wird. Außerdem entwickelt das europäische Flugzeugbau-Konsortium den für 335 Passagiere ausgelegten Airbus A 330 sowie den vierstrahligen Airbus A 340 für 260 Fluggäste mit einer Reichweite von 13 800 Kilometern.

Die Flugzeuge des Airbus-Programms stellen die modernsten Flugzeuge der Gegenwart dar. Nicht zuletzt wurden gerade mit dem Airbus A 320 Technologien eingeführt, die in der Luftfahrt bisher einmalig sind und einen völlig neuen technologischen und wirtschaftlichen Standard setzen.

Die Qualität und die Wirtschaftlichkeit der Airbus-Flugzeuge machen das Programm zu einem erfolgsbestimmenden Wettbewerbsfaktor in der internationalen Luftfahrt. Die Flugzeugweiter- und Neuentwicklungen spiegeln die konsequente Fortführung der Entwicklung und Produktion sehr leiser, wirtschaftlicher und komfortabler Verkehrsflugzeuge wider.

Jürgen E. Schrempp

Vorsitzender des Vorstands
Deutsche Aerospace AG

Flug ins Guinness Buch der Rekorde

Der Erstflug fand am 22. Februar 1987 in Toulouse statt und dauerte drei Stunden und 23 Minuten. Die Crew des ersten Fluges waren Franzosen, Deutsche und Engländer. An diesem 22. Februar 1987 lagen bereits 262 feste Bestellungen, 157 Optionen und 20 Kaufabsichtserklärungen für den Airbus A 320 vor – mehr als für jedes andere je gebaute Verkehrsflugzeug vor seinem Erstflug. Es war buchstäblich ein Direktflug ins Guinness Buch der Rekorde. Ein Jahr und zwei Monate später nahmen die ersten A 320 ihren Liniendienst auf. Der zweistrahlige Verkaufsschlager der Europäer, an dem die deutsche Luftfahrtindustrie einen Produktionsanteil von 35,2 Prozent, Frankreich 34,6, Großbritannien 24,7 und Spanien 5,5 Prozent haben, hat den Markt tatsächlich schneller erobert als jeder andere Jet vorher. Eine Entwicklung, die in dieser stürmisch verlaufenen Form selbst von den kühnsten Optimisten zehn Jahre vorher nicht erwartet worden war, auch wenn die Väter dieses Flugzeuges große Hoffnungen auf den jüngsten Sproß ihrer Familie gesetzt hatten. Dieses Kurz- und Mittelstreckenflugzeug, das heute eine Spannweite von 33,91 Metern, eine Länge von 37,58 Metern, eine Flügelfläche von 122,4 Quadratmetern und eine maximale Reisegeschwindigkeit von stattlichen 900 Stundenkilometern hat, aber ist tatsächlich – theoretisch – schon über zehn Jahre alt.

Die ersten Entwürfe und Ideen für diesen »Jet des 21. Jahrhunderts« stammen aus den späten 70er Jahren und vor allem aus dem Jahre 1980. Damals wurde dieses Zukunftsprodukt unter dem Arbeitstitel SA 1 und SA 2 (SA = Single aisle: Ein Mittelgang im Kabinenraum des Flugzeugs) geführt. Die europäische Airbus Industrie und ihre Gesellschafterfirmen waren nach umfangreichen Marktanalysen und Studien zu der Erkenntnis gekommen, spätestens Ende der 80er Jahre werde ein riesiger Markt für zweistrahlige Kurz- und Mittelstreckenflugzeuge entstehen, weil die Boeing-727, die älteren Boeing-737 und vor allem die Jets der DC-9-Familie abgelöst werden müssen. Die Airbus Industrie versprach, dieses Flugzeug »SA« werde einen deutlich niedrigeren Treibstoffverbrauch, einen stark reduzierten Lärmpegel und vor allem die modernste Technik haben. Der deutsche Airbus-Manager Hartmut Mehdorn, seinerzeit Senior Vizepräsident im internationalen Konsortium der Airbus Industrie in Toulouse, heute Chef der »Deutschen Airbus«, prophezeite schon Anfang der 80er Jahre: »Mit diesem Flugzeug beweisen wir Europäer, daß wir die Nase vorn haben und den Amerikanern um Jahre voraus sind. Was der Airbus A 320 schafft, wird kein anderes Verkehrsflugzeug der Welt in den nächsten Jahren bringen.«

Der genauso tatkräftige wie durchsetzungsfreudige deutsche Flugzeugbauer, der übrigens wie so mancher andere deutsche Airbus-Ingenieur mit einer französischen Frau verheiratet ist und schon deshalb deutsch-französische Kooperation pflegt, stellte in der heißen Geburtsphase entscheidende Weichen für die erfolgreiche Zukunft dieses Jets: Hartmut Mehdorn war der Mann, der verhinderte, daß die Endmontage des Airbus A 320, wenn nicht nach Deutschland, auch nicht nach Großbritannien ging, und der dafür sorgte, daß sie in Toulouse blieb – wo sie damals nach Sinn und Verstand hingehörte. Das gab Hartmut Mehdorn zehn Jahre später bei dann viel höheren Gesamtproduktionsraten die Kraft und die Moral, mit gleichem Erfolg für die Endmontage des Airbus A 321 in Hamburg zu kämpfen. Die Idee wurde Wirklichkeit, die SA 1 wurde der Airbus A 320 und was Hartmut Mehdorn damals prophezeit hatte, traf mit schier atemberaubender Geschwindigkeit ein: Der »kleine Airbus« wurde der große Alptraum für die amerikanische Luftfahrtindustrie. Und doch war der Weg zum heutigen Gipfel dornig und steinig. Und von überschäumender Begeisterung war anfangs überhaupt nichts zu spüren. Selbst ein Mann wie der verdienstvolle langjährige deutsche Programmdirektor der Airbus Industrie in Toulouse, Felix Kracht, der sich schon als Motor und Integrator des Transall-Programms wie kaum ein zweiter Deutscher für eine enge und ehrliche deutsch-französische Zusammenarbeit stark gemacht und diese Kooperation selbst vorexerziert hatte, stöhnte in jenen Tagen über die Schwerfälligkeit auf deutscher Seite: »Die Deutsche Airbus GmbH in München, die doch eigentlich alles vorantreiben sollte, hat meistens nichts anderes getan als verzögert. Ein überflüssiger Verwaltungsapparat.« Und weil sich auch die sonst so forsch auftretende Deutsche Lufthansa anfangs sehr bedeckt hielt und eigenen Konzepten folgte, die in dieser Phase vornehmlich den Giganten Boeing jubeln ließen, knirschte der

Sand zunehmend lauter im deutsch-französischen Getriebe; die britische Seite war sowieso passiver und nie eine treibende Kraft im Programm.
Der erste große Meilenstein wurde schließlich dann doch am 4. Juni 1981 gesetzt, als die Airbus Industrie offiziell den Programmbeginn für den Airbus A 320 verkündete. Zwei Tage später gab die staatliche französische Fluggesellschaft Air France – wie erwartet und wie gewünscht – 25 feste Bestellungen und 25 Optionen in Toulouse ab. Man wußte bei Air France, was sich gehörte. Drei von vier Franzosen sind ohnehin der Ansicht, beim Airbus handele es sich um ein französisches Flugzeug. C'est la vie.
Doch nun erst begann die große Durststrecke für die Airbus-Bauer, auch wenn die französische Air Inter ebenfalls erbetenes Goodwill demonstrierte und mit zehn Festbestellungen und Optionen aufwartete. British Caledonian mit sieben Bestellungen und drei Optionen

Der Jet des 21. Jahrhunderts

folgte im Oktober 1983, die jugoslawische Inex-Adria Airways zwei Monate später mit fünf Bestellungen und drei Optionen. Berauschend war das alles nicht; der ganz große erträumte Durchbruch auf dem Weltmarkt mußte anders aussehen. Zudem fehlte noch immer das endgültige Ja-Wort der deutschen und der britischen Regierung. Solange dieses »Grüne

Felix Kracht, Jahrgang 1912, gilt als einer der Väter der deutsch-französischen Zusammenarbeit in der Luftfahrtindustrie

Licht« fehlte, war der Beschluß von Airbus Industries vom 4. Juni 1981 nur Makulatur.
Es waren schreckliche Jahre des Wartens, Zitterns und Bangens. Und immer wieder platzten neue Hoffnungen wie Seifenblasen. Im bitteren Jahr 1983 standen rund 20 Airbusse auf den Werksflugplätzen in Deutschland und Frankreich herum; unverkaufte »weiße Flugzeuge«. Im selben Jahr waren ganze sechs Airbusse aus der laufenden Produktion verkauft worden. Und im britischen Unterhaus beschied Premierministerin Margaret Thatcher einem kleinen Kreis von Abgeordneten, der sich zugunsten der A 320 stark gemacht und eine schnelle und verbindliche Entscheidung Großbritanniens für dieses Flugzeug verlangt hatte, mit eisiger Härte: »Ich will keine neue Concorde haben.« Der denkwürdige 4. Juni 1981, als der Himmel über Toulouse noch voller kleiner Airbusse gehangen hatte, verschwand immer mehr im Dunst vergänglicher Euphorie. Und in Hamburg-Finkenwerder hauten Geschäftsführung und Betriebsrat, selten genug kommt's vor, in eine Kerbe. MBB-Betriebsratsvorsitzender Hans-Günther Eidtner konstatierte: »Je länger Bonn zögert, desto schlechter werden unsere Chancen auf dem Weltmarkt.« Johann Schäffler, seinerzeit Mitglied der MBB-Geschäftsführung, präsisierte: »Wir können langfristig nur dann erfolgreich zu einer wirklichen Konkurrenz der Amerikaner werden, wenn es gelingt, die Produktpalette jetzt auszuweiten.« Licht am Horizont war kaum auszumachen, auch wenn die Airbus-Manager in Toulouse unverrückbar an ihrem Lieblingskind festhielten. Es war vor allem der Franzose Roger Beteille, der langjährige Generaldirektor des Unternehmens, der mit kundigem und kühnen Weitblick das Projekt A 320 verteidigte. Spätestens seit Anfang 1981 Manager führender amerikanischer Airlines ihr eingehendes Interesse an den Möglichkeiten der Europäer, ein modernes 150sitziges Flugzeug zu bauen, erkundet hatten, war es einem Mann wie Roger Beteille klar, welchen Weg die Airbus Industrie gehen mußte. Daß sie diesen Weg wirklich ging und allen Anfechtungen zum Trotz auch konsequent durchhielt, das ist vor allem Roger Beteille zu danken, dem Mann, dem wie keinem anderen Europäer der Durchbruch der Airbus Industrie auf dem weltweiten Markt zuzuschreiben ist. »Monsieur Airbus«, klein, unscheinbar, meist im Hintergrund auftretend,

kein Mann großer und lauter Töne à la Bernard Lathière, gehört wie sein deutscher Freund Felix Kracht zu jenen Männern, die in der Luftfahrt buchstäblich von der Pike auf groß geworden sind, als Flieger und Ingenieure ihr Produkt bis ins letzte Detail kennen und darüber hinaus auch im Markt zu Hause sind. Von Roger Beteille, der im späteren Aufsichtsratsvorsitzenden Franz Josef Strauß einen kongenialen Partner und Mitstreiter auf der politischen Ebene fand, stammt der berühmte Satz: »Ein Flugzeug ist eine Passagierkabine mit entsprechendem Frachtvolumen und dazu passenden Verkehrskosten«. Shocking. Doch Roger Beteille hat immer mit Leidenschaft, aber nie mit Illusionen für den Airbus gefightet.

Daß der Flugzeugmarkt inzwischen zusammengebrochen war, die Passagierzahlen sanken und sogar Bestellungen neuer Jets storniert wurden, ließ Roger Beteille kalt: »Die Fluggesellschaften müssen ihre alten Boeing-737, ihre Boeing-727 und ihre DC-9 ersetzen. Das wird unser Markt, wenn wir durchhalten.« Konkurrent McDonnell Douglas hielt nicht durch, stellte die Entwicklungsarbeiten an seinem A 320-Konkurrenzmodell ein – und verwünscht diese Entscheidung noch heute. Der deutsche Airbus-Chef Hartmut Mehdorn erklärte allerdings schon Ende 1983: »McDonnell Douglas hat aufgegeben, weil die Amerikaner den Airbus A 320 nicht mehr töten können.« Auch darin lag ein gutes Stück Wahrheit. Doch die Uhr lief längst für die Europäer. Sarkastisch traf Programmdirektor Felix Kracht den Nagel auf den Kopf: »Unser größtes Glück war die Arroganz der Amerikaner.« McDonnell Douglas gab auf, Boeing erkannte den neuen Markt nicht – in Toulouse und Hamburg wurde unverdrossen weiter gearbeitet.

Am 22. Februar 1984 kam die Bonner Zusage – vorausgegangen war

Hartmut Mehdorn, Jahrgang 1942, vom Produktionsdirektor in Toulouse zum Chef der deutschen Airbus-Werke. Sein Motto wurde Wirklichkeit: Die Uhr läuft für die Europäer

Ein früher Kunde: Die australische Ansett entschied sich bereits 1984 für Europas Twinjet

ein erbittertes Ringen mit den Lufthanseaten, die per Regierungsbeschluß mit Nachdruck animiert worden waren, sich endlich auch zum »Jet des 21. Jahrhunderts« zu bekennen. Inzwischen hatten auch die Briten verbindlich erklärt, das Programm fördern zu wollen. Da endlich konnte Bernard Lathière, seinerzeit Präsident von Airbus Industries in Toulouse, am 2. März 1984 in Paris erklären: »Mit der Zustimmung der deutschen, englischen, französischen und spanischen Regierung, die jeweiligen Industrien mit geeigneten Maßnahmen zu unterstützen, damit diese die erforderlichen Investitionen für das Programm vornehmen können, ist es uns als Airbus Industrie möglich geworden, uns verbindlich zur Entwicklung und Produktion des Flugzeuges A 320 zu verpflichten.« Das Modell dieses Flugzeuges, das nun doch tatsächlich gebaut werden sollte, im Grunde mit dreijähriger Verspätung, hatte schon drei Jahre zuvor auf dem Aero Salon in Paris Le Bourget die Neugier Zehntausender geweckt. Marktuntersuchungen gingen längst von einem Bedarf von wenigstens 3000 Flugzeugen dieses Typs für die kommenden 20 Jahre aus, auch wenn Anfang 1984 eine dubiose Studie in Deutschland noch einmal Zweifel genährt und in Bonn entsprechend viel Wirbel verursacht hatte. Nach dieser Studie wären für Airbus Industrie bis zum Jahre 2000 höchstens 625 A 320 zu verkaufen gewesen. Diese Zahl ist schon jetzt – die verlängerte Version A 321, die in Hamburg-Finkenwerder flügge wird, einbezogen – erreicht. Und wie sehr die Fluggesellschaften in aller Welt auf die Entscheidungen vom 22. Februar bzw. 2. März 1984 gewartet hatten, bestätigte sofort der hektische Sommer 1984. Die amerikanische Pan Am orderte 16 A 320 und erteilte Optionen für weitere 34 Flugzeuge. Am 31. Mai dieses selben Jahres wurde auf dem Aéro Salon in Paris Le Bourget der Vertrag mit der australischen Ansett über 17 Flugzeuge unterschrieben. Am 29. Juni gab die Deutsche Lufthansa, die beim großen Airbus A 310 die Rolle des Launching Customers gespielt hatte, ihre Zurückhaltung auf und ihren Auftrag über 15 Airbus-Flugzeuge dieses Typs bekannt; inzwischen ist dieser erste Auftrag wiederholt modifiziert und erweitert worden. Und dann kam der Mammutauftrag aus den USA, der die Welt zwischen Himmel und Erde gründlich veränderte und bei den US-Herstellern in Seattle und Long Beach wie eine Bombe einschlug: Northwest Airlines, eine der renommiertesten und solidesten nordamerikanischen Gesellschaften, unterschrieb einen Vertrag über den Kauf von bis zu 100 A 320, die bis 1995 ausgeliefert werden sollen. Die umstrittene Studie aus der deutschen Luftfahrtindustrie, die so viel Aufregung verursacht und leitende Beamte in Bonn sogar zu der kühnen Argumentation verleitet hatte, in den nordamerikanischen Markt würden die Europäer mit ihrem kleinen zweistrahligen Jet A 320 gar nicht eindringen können, war kein Thema mehr. Die Aufregung legte sich schnell. Der Bann war gebrochen. Die Auftragsbücher für den Jet, der noch lange nicht flog, füllten sich mit imponierendem Tempo. Aus Boeing-Sicht mit beängstigendem Tempo. Und inzwischen kalkuliert die Airbus Industrie schon mit Produktionsziffern von rund 1400 bis 1500 A 320 bzw. A 321 binnen 20 Jahren. Wenigstens. Die Lieferfrist für das erfolgreichste Airbus-Produkt beträgt jetzt schon vier Jahre. Branchenspott in Hamburg und Toulouse: »Das ist viel weniger als bei einem ›Trabi‹ in den 80er Jahren.«

Der Erfolg dieses Flugzeuges spricht für sich. Dem Airbus A 320 haben die nordamerikanischen Flugzeugbauer schon deshalb nichts entgegensetzen können, weil die Europäer den Mut hatten, ein wirklich ganz neues Flugzeug zu schaffen: Die A 320 repräsentiert das wirtschaftlichste und das technologisch hochwertigste Programm in der Geschichte der modernen Verkehrsfliegerei. Doch der Airbus A 320, der nach vielen Geburtswehen und zeitkostenden Programmauseinandersetzungen zum Bestseller der ganzen Branche geworden ist, wird ab 1994 auch noch in einer verlängerten Version existieren: Die A 321 ist das neueste Lieblingskind der Lufthansa geworden, die bereits 20 Exemplare geordert und 20 Optionen aufgegeben hat. Die Lufthanseaten, die sich beim Vorgängermodell A 320 so lange geziert haben, werden sogar zu den Erstkunden dieses Flugzeuges gehören, für dessen Bau sie sich mit großem Nachdruck bei der Airbus Industrie eingesetzt haben. Airbus-Industrie-Geschäftsführer Jean Pierson bringt es auf den deutlichen Nenner: »Man sagt oft, daß der Erfolg viele Väter habe, aber die Lufthansa kann auf alle Fälle von sich behaupten, daß sie bei der Entwicklung der A 321 eine sehr wichtige Rolle gespielt hat.« Für Reinhardt Abraham, den langjährigen stellvertretenden Lufthansa-Boß, der wie kaum ein zweiter europäischer Techniker als Weichensteller im Flugzeugbau für Furore gesorgt hat, ist der Airbus A 321, der mit 44,51 Metern etwa sieben Meter länger als ein Vorgänger ist und der rund 170 Passagieren Platz bieten wird, eine vom Verkehr diktierte Notwendigkeit: »Das Flugzeug wird über den gleichen Passagierkomfort und eine ähnliche Wirtschaftlichkeit und Zuverlässigkeit verfügen wie die schon im Liniendienst erprobte A 320; sie bietet aber eine um 25 Prozent höhere Sitzplatzkapazität – ein wesentlicher Gesichtspunkt bei der heutigen Überfüllung der Flughäfen.« Die Entwicklung und der Bau dieses Flugzeuges, das in Deutschland flügge wird, werden als logischer Schritt angesehen – übersehen wird dabei meistens, daß dieser Airbus A 321 schon immer konzipiert war: Der Airbus A 321 ist de facto die SA 2 von vor über zehn Jahren, die verlängerte Version der einstigen SA 1.

Ein Ferienflieger vom Balkan wurde überraschend Launching Customer: Jugoslawiens Inex-Adria Airways entschied sich schon 1983 für die A 320

Der »Fliegende Rucksack« wurde unentbehrlich

Was einem farbenprächtigen Guppy recht ist, das ist einer Super Guppy schon lange billig: Im Bauch des bunten Aquarienfisches von den Kleinen Antillen ist so viel Platz vorhanden, daß er seine Jungen sogar lebend gebären kann. Die viermotorige Super Guppy SGT 201, das »verrückteste Flugzeug der Welt«, aber kann problemlos das komplette 20 Meter lange Rumpfheck – Durchmesser fast sechs Meter – des Großraumflugzeuges Airbus A 300 von Hamburg nach Toulouse transportieren. Oder die von Hawker Siddeley im englischen Chester gefertigten Tragflächen, die einschließlich ihrer Transportvorrichtungen immerhin runde 21 Tonnen wiegen. Und alle anderen Bauteile aller großen und kleinen Airbusse sowieso. Alles, was sperrig und schwer ist, das fliegt so eine Super Guppy im aufreizend gemächlichen Tempo kreuz und quer durch Westeuropa. Die Super Guppy ist ein aerodynamisches Unikum. Selbst graduierte Flugzeugingenieure staunen und begreifen oft erst mit einer gewissen Verzögerung, daß dieser »Fliegende Rucksack«, dieses in seinen Ausmaßen und Dimensionen auf den ersten Blick allen Gesetzen der Aerodynamik hohnsprechende Monster nicht nur fliegen, sondern dabei auch noch 24 Tonnen schwere und extrem sperrige Güter besser und sicherer als jeder Schwertransporter ans Ziel bringen kann. Nicht gerade mit Jet-Geschwindigkeit. Aber für eine Reisegeschwindigkeit von 450 bis 465 Stundenkilometern sind die vier je 4680 Wellen-PS starken Allison-501-D22C-Motoren immer gut. Über die Jahre haben sich auch die Super Guppies vermehrt. Nicht gerade auf die originelle Art, in der die kleinen Guppies Nachwuchs bekommen. Aber als die Kapazität der beiden im Airbus-Industrieverbund eingesetzten »Zeppeline mit Turboprop-Triebwerken« nicht mehr ausreichte, weil die Produktionskurve stetig stieg, erblickten zwei neue Super Guppies das Licht der Welt. Seitdem haben sich die Menschen in Bremen, Hamburg, Toulouse oder Stade an den Anblick der unförmigen Kolosse gewöhnt. Und staunen doch immer wieder aufs Neue.

Der »eingebeulte Zeppelin« – immer neue Spitz- und Spottnamen werden von Piloten und Technikern kreiert – weist tatsächlich ungewöhnliche Abmessungen auf. 43,83 Meter lang ist eine Super Guppy; die Spannweite beträgt 47,61 Meter, die Höhe aber 14,71 Meter. Zum Vergleich: Ein Airbus A 320 hat eine Höhe von 11,77 Metern, eine Boeing-737 ist 11,12 Meter hoch; doch die Spannweite selbst eines großen Airbus A 310–300 beträgt nur 43,90 Meter. Beim Airbus A 320 sind es gar nur 33,91 Meter.

Die eigentlichen Dimensionen allerdings offenbaren sich im 33,90 Meter langen Laderaum, der 7,77 Meter hoch – die maximale Höhe liegt sogar bei 9,75 Meter – und bis 7,65 Meter breit ist. 22,40 Meter lange Führungsschienen laufen durch die Super Guppy, die trotz ihrer Schwerfälligkeit immerhin noch 7,5 Kilometer hoch steigen kann. Leer wiegt eine Super Guppy runde 45 Tonnen; das Fluggewicht liegt bei über 77 Tonnen.

Die Geschichte der »Fliegenden Rucksäcke« reicht bis in den zweiten Weltkrieg zurück, als Boeing den Auftrag erhielt, einen Langstrecken-Transporter zu entwickeln und zu bauen: Diese C-97 wurde allerdings erst in ihrer zivilen Version berühmt – als Boeing-377 wurde sie gebaut, als »Stratocruiser« schier eine Legende. 55 dieser viermotorigen Langstreckenflugzeuge wurden zwischen 1947 und 1950 flügge; sie bewährten sich vor allem über dem Nordatlantik und genossen bei den Passagieren jener Jahre schon deshalb viel Popularität, weil sich im sogenannten Unterdeck dieses seinerzeit größten Flugzeuges ein kleiner Clubraum mit einer Bar befand. Da lebte die alte Zeppelinherrlichkeit der Vorkriegszeit wieder auf. Mit dem Aufkommen der Strahlflugzeuge war die Uhr der »Stratocruiser« abgelaufen. Doch John Conroy, ein ehemaliger Militärflieger aus dem zweiten Weltkrieg, und Lee Mansdorf, der Direktor einer amerikanischen Flugzeugbedarfsfirma, erkannten Ende der 50er Jahre die große Chance, die viermotorigen »Stratocruiser« als Frachter einzusetzen. So kam's. Die neugegründete Aero Spacelines erwarb 25 »Stratocruiser« und C-97-Stratofreighter, ihre militärischen Pendants, und machte schnell ihr Geschäft mit dem Transport der aufwendigen Raketenstufen, die seinerzeit noch höchst umständlich per Schiff von Kalifornien durch den Panamakanal nach Cape Canaveral transportiert werden mußten. Die Rümpfe der »Stratocruiser« wurden um fünf Meter verlängert, das Rumpfheck mußte entfernt werden. Am 19. September 1962 hob die erste Boeing-Aero Spacelines 377 PG zum Jungfern-

flug ab – schon ein Jahr später flog die Pregnant Guppy für die NASA Raketenteile nach Cape Canaveral. Der nächste Schritt war der Totalumbau einer Boeing-C-97 J in die berühmte B-377 SG Super Guppy, die ihren Erstflug am 31. August 1965 absolvierte. Praktisch war es ein Neubau gewesen; der Rumpf mußte auf einen Durchmesser von 7,62 Metern vergrößert werden, um die Stufen der Saturn-Mondrakete im großen Guppy-Bauch unterbringen zu können. Der NASA hat dieser Super Guppy wertvolle Dienste geleistet, zuguterletzt sogar als Transporter beim Space-Shuttle-Programm.

Von den ersten sogenannten Mini Guppies, die im Gegensatz zur Super Guppy seitlich wegklappbare Rumpfhinterteile erhielten, stürzte eine 1970 kurz nach dem Erstflug ab. Ihre Qualitäten als Transporter aber hatten alle Versionen von der 377 MG Mini Guppy bis zur Super Guppy mit dem schwenkbaren Bug inzwischen nachdrücklich bestätigt. So wurde 1968 mit dem Bau der ersten beiden Super Guppy

Die Boeing-377 »Stratocruiser« diente als Basisflugzeug für die Super Guppy

201 mit dem auffallenden seitlich wegklappbaren Rumpfbug begonnen, für die die Europäer inzwischen ihr Interesse angemeldet hatten. Eine eigens gegründete Airbus-Tochter Aeromaritime übernahm im September 1971 und im August 1973 die beiden »fliegenden Rucksäcke«; 1979 erwarb die UTA-Industrie die Nachbaurechte

für die Super Guppy und lieferte im Sommer 1982 und im Frühjahr 1983 Nr. 3 und Nr. 4 aus. Unter der Verantwortung der Airbus Industrie und ihres dynamischen Managers Hartmut Mehdorn wurden die Super Guppies nachgebaut. Mehdorn empfand diese Arbeit, die bei der UTA in Paris durchgeführt wurde, wie er mit Stolz bekennt, als »eine der schönsten Aufgaben«, die er in seiner beruflichen Laufbahn bewältigen durfte. »Das war Flugzeugbau im wahrsten Sinne«, schwärmt Mehdorn auch heute noch.

So kommt's, daß im Grunde eine alte Boeing-Entwicklung hilft, dem ungeliebten europäischen Konkurrenten den Produktionsablauf zu erleichtern. Vor allem aber haben diese Monster entscheidend dazu beigetragen, daß die Airbus Industrie von größeren Bauteilschäden und Reparaturarbeiten verschont geblieben ist. Der Transport der Einzelteile für die modernen Jets ist per Luft sicherer und unproblematischer; die Schadens- und Unfallquote auf Bahn und Straße ist ungleich höher. Der Wasserweg kommt aus Zeit- und Rentabilitätsgründen ohnehin nicht infrage. Gerade die Amerikaner haben beim Hochfahren ihrer Boeing-Serien in den vergangenen Jahren über ständig zunehmende Transportschäden geklagt. »Auf Amerikas Landstraßen gehen mehr Boeing-737 zu Bruch als in der Luft«, heißt es in Seattle spöttisch.

Die Super Guppy, die ursprünglich auch zum Transport von Bauteilen des britisch-französischen Prestigevogels Concorde eingesetzt worden ist, hat sich längst amortisiert und bewährt. Und die Männer, die diese »zerbeulten Zeppeline« fliegen, haben ihre herrlichen Ungetüme lieben gelernt – so schwer sie zu fliegen sind. Denn das ist das anachronistische Kuriosum der Super Guppy: Dieses Flugzeug hilft, die modernsten Düsenverkehrsflugzeuge in den Himmel zu bringen, und ist, technologisch gesehen, selbst ein aerodynamisches Fossil. So eindrucksvoll und gleichzeitig behäbig dieses Arbeitsflugzeug seine Spur am europäischen Himmel zieht, gemächlich brummend, so wenig hat es doch mit anderen Flugzeugen unserer Zeit gemein. Alles ist anders. Autopiloten, eine Selbstverständlichkeit in jedem Jet, gibt es in einer Super Guppy nicht. Geflogen wird wie in uralten Zeiten manuell. Und bei schlechtem Wetter müssen sich die Piloten rechtzeitig nach einem anderen Platz umschauen: Blindflug-Landungen gibt es bei diesen »Fliegenden Lastwagen« auch nicht. Trotzdem sind die französischen Piloten auf ihre Ungetüme stolz. Elitäre Truckfahrer der Lüfte. Hydraulische Systeme, selbstverständlich in den Jets der 80er und 90er Jahre, gibt's nicht. Fly by wire, eine unbekannte Airbus-Welt. Steuerseile wie in den vermeintlich guten alten Zeiten führen vom Cockpit bis in die hintersten Winkel. Und dazu gewaltige Steuerhörner. Wie Museumsstücke. Und doch wird alles ganz modern und praktisch, wenn die Pflicht ruft: Der seitlich aufklappbare Rumpfbug wird von einem kleinen Schleppgerät ordentlich verschlossen. Ein eigens konstruierter Patentverschluß gewährleistet eine schnelle Montage. Doch die alles haltenden Bolzen werden manuell festgezogen. Selbst ist der Mann. Selbstverständlich darf das Flugzeug nur so geparkt werden, daß der Wind von links bläst. Und wenn es mehr als 25 Knoten weht, bleibt die Klappe zu. Das ist in Hamburg-Finkenwerder vor Jahren einmal nicht bedacht worden – da riß eine kräftige Nordseebö die Klappe aus ihrer Halterung. Für die Airbus Industrie war es eine teure Panne, für die Hamburger Medien aber gab es ungewöhnliche Fotos: Eine Super Guppy, deren große Klappe auf dem Rollfeld liegt, ist ein Bild des Jammers. Eine Amsel mit gebrochenem Flügel sieht genauso kläglich aus.

Eine Super Guppy mit ihrer kostbaren schweren Ladung ordentlich zu fliegen, verstehen nur wenige Piloten. Und die sind mit gutem Grund stolz darauf. Jeder Flug ist ein immer neuer Kampf mit dem Wind. Die große Fläche wirkt wie die Aufbauten eines Schiffs; mit Aerodynamik hat das wenig zu tun. Oder – umgekehrt wird ein Schuh daraus – sogar sehr viel: Sonst würde die Super Guppy gar nicht fliegen können. Der Seitenwind darf bei den Landungen 20 Knoten nicht übersteigen, der Rückenwind muß unter 10 Knoten liegen. Der »fliegende Zeppelin« reagiert – wie jedes Luftschiff – auf die kleinsten Turbulenzen und Böen. Und wer zu flach anfliegt, gerät in höllische Schwierigkeiten, weil sich blitzschnell ein Luftkissen zwischen Landebahn und Flugzeug aufbauen kann: Dann will die viermotorige Super Guppy gar nicht mehr landen. Einer der französischen Piloten hat einmal den Satz geprägt: »Eine Super Guppy richtig zu fliegen, ist etwa das Gleiche, wie etwas auf einer Nadelspitze zu balancieren: Man weiß eigentlich nie, in welche Richtung es wegkippt.« Super Guppy fliegen, so wird in Toulouse behauptet, das sei noch ein Stück ordentliche alte Fliegerei. Immerhin

steht fest: Es gibt keine zwei Dutzend Piloten, die den »eingebeulten Zeppelin« fliegen dürfen und fliegen können – Airbus-Piloten gibt's inzwischen Tausende. Und nur die wenigsten von ihnen wissen, daß der ganze Bug der Super Guppy einschließlich des Cockpits nur mit einem einzigen Scharnier am Rumpf befestigt ist. Und das hält!

Daß zwischen dem Cockpit der Super Guppy und dem Cockpit des Airbus A 320 40 Jahre liegen, ist sicherlich auch interessant. Super Guppy-Piloten ficht das nicht an. Ganz im Gegenteil: »Das beweist nur, was für gute Arbeit die Jungs von Boeing schon in den 50er Jahren geleistet haben.« Was sicherlich auch richtig ist.

Klappe auf: Das Beladen einer Super Guppy ist nicht nur in Hamburg alltägliche Routine geworden. Vier Super Guppies fliegen Airbus-Teile nach Toulouse zur Endmontage

Der verschobene Erstflug oder warum Pierre Baud warten mußte

Es war alles o. k. Seit Tagen schon. Am 21. Februar 1987 sollte Pierre Bauds große Stunde schlagen: Der Erstflug des ersten »Verkehrsflugzeuges des 21. Jahrhunderts«, wie die Frankfurter Allgemeine Zeitung schon vier Monate vorher wohlwollend in kräftigen Lettern diese »geballte Ladung neuer Technik« prophetisch definiert hatte, war programmiert; nichts war dem Zufall überlassen worden. 13 Tonnen Elektronik waren installiert, sechs Wassertanks im Ober- und Unterflurbereich mit je 500 Kilogramm Füllung, um Schwerpunktveränderungen vornehmen zu können. Ein fliegendes Laboratorium. Nichts existierte an Bord, was nicht schon dutzende Male überprüft, kontrolliert und exakt vermessen worden war – nur geflogen war der Jet noch nicht. Daß er vorzüglich fliegen würde, davon waren alle felsenfest überzeugt. Trotzdem, die ersten beiden A 320 unterschieden sich in einem wesentlichen Punkt von allen anderen Versuchs- und Linienflugzeugen: Ein Schacht zwischen Cockpit und Kabinenraum, wo die Elektronik anstelle der Sitzplatzreihen postiert war, führte – notfalls – in die freie Tiefe. Die Erstflugbesatzung genauso wie die Versuchs- und Test-Crews der ersten Monate flogen mit zusätzlichem »Gepäck«: Fallschirme waren Pflicht.

Nichtsdestotrotz: Der programmierte Erstflug fiel ins Wasser. Jedenfalls am 21. Februar 1987. Der Hintergrund ist buchstäblich französisch; die deutschen Flugingenieure und Testpiloten verstanden's zwar nicht, aber fügten sich – notgedrungen und grinsend – ins Unvermeidliche. Tatsächlich gab es weder technische noch meteorologische Gründe, den Erstflug um 24 Stunden zu verschieben, auch wenn Pressesprecher der Airbus Industrie sich später in die Ausrede flüchteten, das Wetter am Samstag sei den Testpiloten nicht gut genug gewesen. Das Wetter war am 21. Februar genauso ordentlich wie am 22. Februar 1987. Aber am Samstagnachmittag war in ganz Frankreich Rugby viel viel wichtiger als die ganze Fliegerei. So dachten nicht nur die meisten Techniker und Ingenieure in Toulouse; auch das Press Department der Airbus Industrie dachte daran: Wer interessiert sich schon zwischen Paris und Marseille für den Erstflug des »kleinen Airbus«, so groß gewöhnlich in Frankreich die Sympathie für die Flugzeugbauer ist, wenn das Spiel der Spiele im Fernsehen übertragen wird. Und Rugby gehört zu Frankreich wie guter Rotwein und Baguette. Und also wurde der Erstflug verschoben. Und alle waren's zufrieden. Pierre Baud war restlos zufrieden: »Die A 320 verhielt sich wie erwartet und sogar noch besser. Sie spricht wunderbar an und vermittelt das Gefühl einer gesunden Steuerstabilität, Eigenschaften, die dank der ›Fly-by-wire-Flugsteuerung‹ zum ersten Mal in diesem Maße in einem Passagierflugzeug erreicht werden. Niemals zuvor hat uns ein Erstflug soviel Freude bereitet und wir sind sicher, daß es den Piloten der Fluggesellschaften ähnlich ergehen wird. Das Flugzeug und seine CFM 56–5-Triebwerke von CFM International brachten die erwarteten Leistungen und wir sind fest davon überzeugt, daß unsere ersten hervorragenden Eindrücke während der kommenden ausgedehnten Flugversuche bestätigt werden.« Und das Press Department schickte die Worte des populären Cheftestpiloten der Airbus Industrie, der aussieht wie ein normannischer Kleiderschrank, auf allen Kanälen rund um den Globus. Und natürlich vor allem nach Amerika. Nur hatte Pierre Baud das eigentlich gar nicht gesagt, auch wenn er's genauso hätte sagen können. Aber Pressesprecher David Velupillai, der sich in der Branche vorzüglich auskennt, ging erstens davon aus, daß der Erstflug ein voller Erfolg wird, und kannte, zum zweiten, seine Pappenheimer im Cockpit. Und also schlüpfte er in die Rolle eines vordenkenden »Regierungssprechers«, formulierte alles druckreif, was Pierre Baud wohl so im Überschwang seiner Begeisterung nach dem Erstflug sagen würde und wartete dann in Ruhe den Jungfernflug ab. Pierre Baud lacht heute: »War gut, das hätte ich wirklich sagen können...« Und also hatte das Press Department wieder das letzte Wort. Es hatte – mit dem Blick für die richtige Publicity in Frankreich – schließlich auch dazu beigetragen, daß der Erstflug am »richtigen Tag« stattfand.

Drei Stunden und 23 Minuten dauerte der Erstflug des ersten Airbus A 320. Der Jet mußte sich schon beim Jungfernflug harten Prüfungen unterziehen lassen: Mit ausgefahrenen Vorflügeln und Landeklappen wurde mit minimaler Geschwindigkeit von 180 Stundenkilometern geflogen; doch es ging auch in 11 900 Metern Höhe mit Tempo 0,82 Mach vorwärts. Die

Crew des Erstflugs waren Franzosen, Briten und Deutsche. Männer, die zwischen Himmel und Erde zu Hause sind, Männer, die mit dem Airbus leben und vor allem für den »Jet des 21. Jahrhunderts« durchs Feuer gehen: Pierre Baud als Primus inter pares, Bernard Ziegler, einst Chefpilot in Toulouse, heute Senior-Vizepräsident des Unternehmens, verantwortlich für das Airbus-Ingenieurwesen, Flugversuchsingenieur Gérard Guyot, Testpilot Gordon Corps, Flugversuchsingenieur Jürgen Hammer und Flugversuchsingenieur Jean-Marie Mathios. »Lauter ›Eggheads‹ mit Pilotenschein«, wie's ein deutscher Flugingenieur formulierte. Man kann's auch anders definieren: Diese Männer haben entscheidend zum Erfolg des Airbus beigetragen und auch in schwersten Stunden nie aufgegeben. Am 22. Februar 1987 lagen für den 37,58 Meter langen Twinjet, der in gut 8000 Meter eine maximale Reisegeschwindigkeit von etwas über 900 Stundenkilometern erreicht, 439 Bestellungen und Optionen

Drei Stunden und 23 Minuten dauerte der Erstflug des ersten Airbus A 320 am 22. Februar 1987. Pierre Baud wußte nach diesem Jungfernflug, daß ein neues Kapitel europäischer Luftfahrt aufgeschlagen worden war

von 16 Fluggesellschaften vor – das war der eigentliche Rekord dieses Tages. Ein Auftragsvolumen in dieser Größenordnung hat es – am Tage des Erstflugs – noch nie für ein Verkehrsflugzeug gegeben; 262 dieser 439 Orders waren bereits Festbestellungen.

Der Mann, der alles flog

Der Mann, der das Flugzeug, das wie kein zweites Produkt der europäischen Industrie zum Trauma der amerikanischen Hersteller geworden ist, beim ersten Flug in den Himmel über den Pyrenäen gesteuert hat, repräsentiert nachgerade bilderbuchhaft elitäre französische Ausbildung. Pierre Baud, 53, charmant, witzig und immer diszipliniert, hat alles absolviert, was notwendig ist, um in der französischen Luft- und Raumfahrt-Industrie eine dominierende Rolle einzunehmen: Ecole Polytechnique, Ecole Nationale Supérieure de l'Aéronautique und Ecole du Personnel Navigant Essais. Pierre Baud, der seine Laufbahn zwischen Himmel und Erde 1962 am nationalen französischen Luft- und Raumfahrtzentrum begann und der die berühmte Testpilotenschule von Istres, auf halbem Wege zwischen Marseille und der Camargue gelegen, mit Bravour absolviert hat, gehört unbestritten zu den erfahrensten europäischen Test- und Ingenieur-Piloten. Pierre Baud steht mit rund 12 000 Flugstunden zu Buche; es gibt im Grunde nichts, was fliegen kann, was der sportlich wirkende blonde Franzose nicht geflogen hat. Pierre Baud, der von 1962 bis 1966 als Projektingenieur tätig war, flog die Mirage 4 und die Mirage F 2, den Jaguar und die sowjetische Yak 40, die 2,35 Mach schnelle Mirage 2000 – und alle Airbus-Versionen. Und vieles andere mehr. Rund 250 verschiedene Flugzeugtypen. Genau weiß er's nicht. Wie er auch über die Zahl seiner Flugstunden nicht exakt Auskunft zu geben weiß: »So zwischen 11 000 und 12 000 ...« Pierre Baud hat als Testpilot Hunderte von militärischen und zivilen Propellerflugzeugen und Jets geflogen; als Ingenieur hat er für die französischen Behörden Import-Flugzeuge geprüft und die Verantwortung für ihre amtliche Zulas-

Pierre Baud, Chefpilot der Airbus Industrie in Toulouse, führte 250 verschiedene Flugzeuge, bewährte sich als Testflieger, Ingenieur und Manager

sung übernommen. Mit diesem Hintergrund war sein Weg zur Airbus Industrie vorgezeichnet: 1972 verließ Pierre Baud die französische Luftwaffe als Colonel und verpflichtete sich der Flugversuchsabteilung der Airbus-Bauer in Toulouse, wo er maßgeblichen Einfluß auf die Entwicklung des Airbus A 300 nahm. Und natürlich auf die Zulassung dieses Urahnen der Airbus-Familie. Zwangsläufig gehörte Pierre Baud zum Team beim Erstflug des ersten Airbus; er war aktiv dabei, als die Airbusse A 300–600 und A 310 abhoben. »Und ich hoffe jetzt natürlich auch, den Erstflug des Langstrecken-Airbus A 340 durchführen zu dürfen.« So kam es. Natürlich. Es mußte doch wieder ein Franzose sein. Pierre Baud ist ein Mann der viele Berufe hat: Pilot, Ingenieur, Kaufmann, Manager. Und der temperamentvoll die Qualitäten der Flugzeuge zu rühmen weiß, die er mit geprägt und in Hunderten von strapaziösen und belastenden Flugstunden auf diese Qualitäten hin überprüft hat. So temperamentvoll und quirlig dieser Franzose auftritt, wenn er festen Boden unter sich hat – Freunde behaupten manchmal von ihm, an ihm sei ein Teppichhändler aus dem Morgenland verloren gegangen – so diszipliniert und konzentriert regiert Pierre Baud in allen Cockpits, die ihm anvertraut werden: Da verwandelt sich der leidenschaftliche Flieger immer wieder aufs Neue in den qualifizierten Ingenieur, der felsenfest an die Produkte glaubt, die er wesentlich mit gestaltet hat und über die er einen einfachen Satz sagt: »Wir bauen sehr gute Flugzeuge, aber sie werden von Menschen geflogen.«

Doktorarbeit über Kernbrennstoffe

Dr. Chris Krahe, Jahrgang 1935, Ingenieur, Physiker, Elektrochemiker, Testpilot und Flieger aus Passion, verabschiedet sich für drei Stunden: »Die Crew wartet schon, ein neuer Erstflug.« Der neue Airbus für Northwest Airlines, den amerikanischen Giganten mit rund 600 Jets, hat seine letzten technischen Checks hinter sich; die verantwortlichen Ingenieure, Triebwerkstechniker und Elektroniker haben »Grünes Licht« gegeben: Testpilot Krahe und sein Team setzen mit ihrem Flug – wieder einmal – den i-Punkt auf die Endmontage im Airbus-Zentrum im französischen Toulouse.

Alltag für Männer, die in ihrer Majorität vielfältige Ausbildungen hinter sich haben, in mehreren Berufen zu Hause sind und oft auf 12 000, 13 000 oder mehr Flugstunden zurückblicken können: Piloten, Ingenieure, Techniker, Kaufleute, Manager. Sie sind verheiratete Familienväter, haben sich meist in jungen Jahren als Düsenjäger-Piloten oder Transportflieger einen guten Namen gemacht. Einige haben die berühmten Testpiloten-Schulen in Frankreich, England oder in den USA absolviert – dergleichen gibt es in Deutschland nicht. Die Creme de la Creme der Männer – noch gibt es keine Frau in diesem elitären Zirkel – die Woche für Woche, Tag für Tag neue »flüsternde Riesen«, neue Exemplare des »Jets des 21. Jahrhunderts«, wie der Airbus A 320 inzwischen weltweit apostrophiert wird, in den Himmel bringen, sind Allround-Piloten. Franzosen, Deutsche, Briten, Dänen. Zu gut für den Liniendienst der Airlines, trotzdem schlechter bezahlt als Jumbo-Kapitäne bei der Deutschen Lufthansa oder der Air France.

Chris Krahe ist einer der wenigen deutschen Testpiloten der Airbus Industrie, ein Techniker mit einem faszinierenden Background, der von 1955 bis 1961 in Aachen Maschinenbau und Wärmetechnik studiert, seine Doktorarbeit aber über die Wiederaufbereitung von Kernbrennstoffen geschrieben hat. Der übrigens – im Gegensatz zu vielen seiner Kollegen – nie Soldat war. Chris Krahe: »Weißer Jahrgang.« Chris Krahe lächelt: »1945 war ich zu jung für die Militärfliegerei; als wir wieder Soldaten bekamen, war ich schon zu alt.« Die Liebe zur Fliegerei wurde trotzdem, schon in jüngsten Jahren, von den Militärs geweckt. Chris Krahe wurde im Rheinland groß, in der Bonner Region. Und ein paar der Nachtjäger, die in Hangelar stationiert waren, waren bei den Krahes einquartiert. Der Schuljunge bewunderte die feschen Himmelsstürmer. Die meisten kehrten nicht zurück …

Zehn Jahre später stürmte der Aachener Student selbst in den Himmel: »Wenn andere Semesterferien machten, flog ich.« Den Privatpilotenschein (PPL) und auch die Berufsflugzeugführerlizenz (CPL) erwarb er schon in den ersten Studienjahren; und dann flog Chris Krahe, »was zu fliegen war«. Der Studiosus »schrubbte« Flugstunden, verdiente gutes Geld bei der aufstrebenden deutschen Chartergesellschaft LTU, arbeitete in der Zieldarstellung, bekam nebenbei 500 Mark Gehalt als Assistent am Institut für Strömungslehre. Zwischen F 27, F 28 und Caravelle promovierte er im Rekordtempo, nachdem er kurz entschlossen seinen Professor gewechselt hatte – »Der Mann sagte zwar dreimal ›Scheiße‹ und viermal ›Arschloch‹ in einer Stunde, aber ich kam mit ihm zurecht« – und arbeitete wechselweise im Institut für die Metallurgie der Kernbrennstoffe in Jülich oder flog LTU-Urlauber in den sonnigen Süden. In jenen Jahren hat er auch alle Tests und Aufnahmeprüfungen für die Verkehrsfliegerschule der Deutschen Lufthansa in Bremen bewältigt; gemeinsam mit den späteren Jumbo-Kapitänen Gerhard Uebler und Hubert Massmann. Linienpilot zu werden, danach stand nicht sein Sinn. Obwohl ihn die Lufthansa nach Studium und Promotion noch zweimal ansprach.

Chris Krahe zog es in die freie Wirtschaft. Er stieg in das Unternehmen eines Bekannten ein, kaufte für die Firma erst mal einen Hansa-Jet und »damit hatte ich quasi meinen eigenen Flieger, mit dem ich für Industrieprodukte warb«. Und »nebenbei« blieb ihm aus Leidenschaft und Passion genügend Zeit, auch weiterhin für die LTU zu fliegen. Doch selbst der Kaufmann, Jetpilot und Tausendsassa Chris Krahe kam eines Tages an seinem Kreuzweg an: Nach einem kurzen Zwischenspiel bei German Air präsentierte sich Chris Krahe bei der Airbus Industrie in Toulouse: »Eigentlich müßten Sie mich gebrauchen können.« Der Mann war goldrichtig.

Chris Krahe war der rechte Mann zur rechten Stunde für die europäische Flugzeugindustrie. Zwei Jahrzehnte zuvor war er von seinem Vater, einem angesehenen Ingenieur, quasi an die Luft gesetzt worden: Fliegen war für Chris Krahes Vater kein Beruf; das war unseriös und hatte, natürlich, keine Zukunftschancen. Chris Krahe und Udo Günzel, ehemaliger Jagdbomber-Pilot in Husum, später Testpilot in Bremen, verkörpern eine besondere Spezies von Piloten, die in Deutschland noch seltener ist als in Frankreich oder Großbritannien, wo die Fliegerei generell einen höheren Stellenwert hat als hierzulande. Pierre Baud, der Boß der Piloten-Elite der Airbus Industrie, hat einmal definiert, aus welchem Holz Testpiloten der Industrie geschnitzt sein müssen: »Am besten Flieger

Der vielseitige deutsche Wissenschaftler Dr. Chris Krahe wies mit seinen Ideen der Airbus Industrie neue Wege. »Fliegen muß sicher sein, weil es schön ist.« Das ist die Maxime des erfolgreichen Testpiloten

mit zehnjähriger Industriepraxis, mit kaufmännischem Wissen und gründlichster Testpilotenausbildung.« Präzise formuliert: Sie müssen einen Airbus nicht nur vorfliegen, sondern notfalls auch verkaufen können. Was schon oft genug vorgekommen ist.

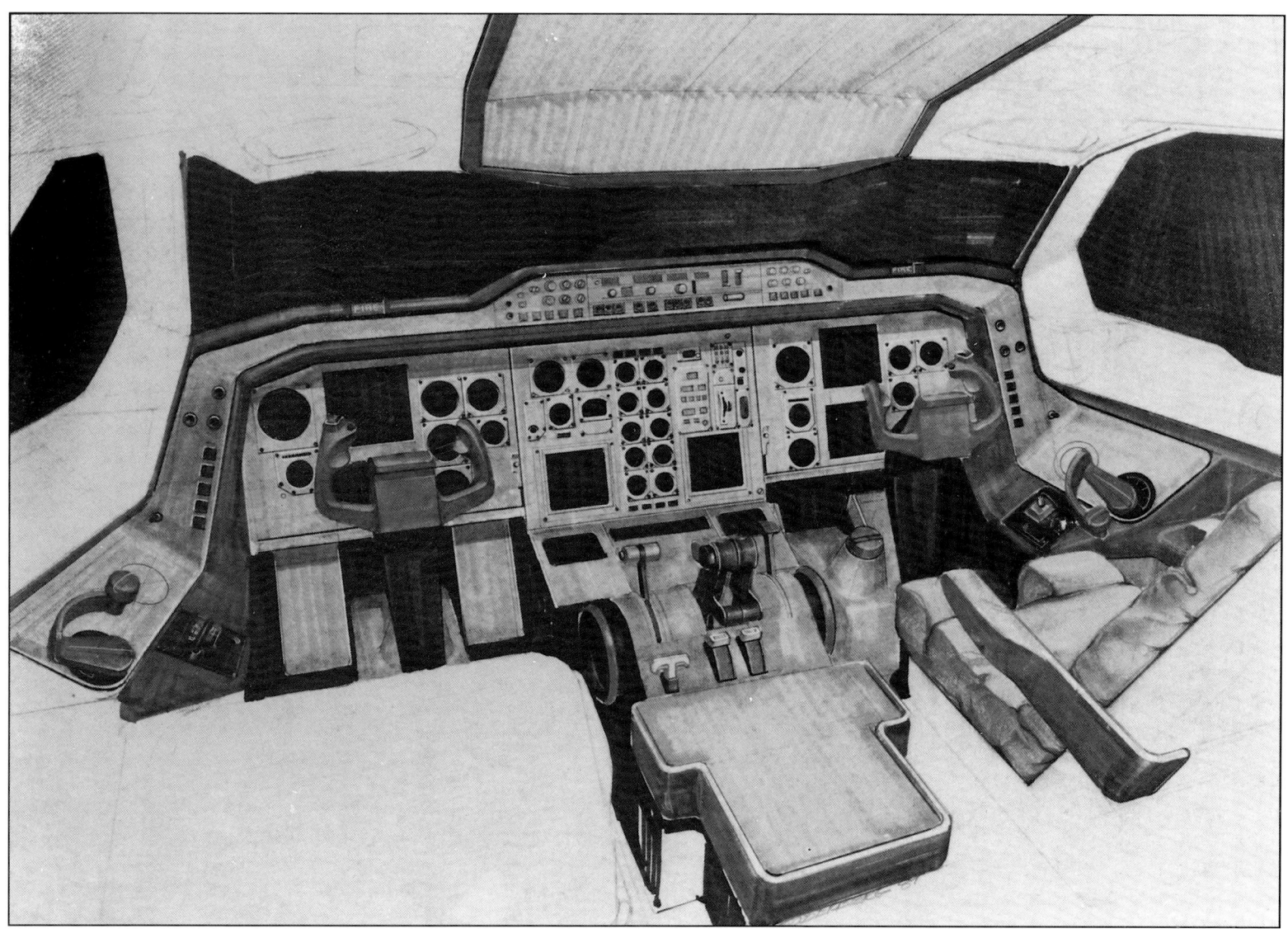

Das neue Cockpit: Einer der ersten Porsche-Entwürfe für einen modernen Arbeitsplatz der Crews – jahrzehntelang hatten alle Flugzeughersteller spartanisch-unbequeme Cockpits gebaut, die die Piloten gewöhnlich verzweifeln ließen

Chris Krahe wollte eigentlich nur ein Jahr lang in Toulouse bleiben. Sozusagen probeweise. Die »Probezeit« bestand der Rheinländer: Die Airbus Industrie gewann nicht nur einen exzellenten Testpiloten, sondern bekam auch einen Designer, der die Welt im Cockpit radikal veränderte. Die modernen Cockpits A 310 und A 320 unterscheiden sich von den »Hühnerkäfigen« früherer Verkehrsflugzeuge wie »ein tuckernder Zweitakter von einem Sportwagen aus Zuffenhausen«. So Chris Krahe. Der 55jährige Tüftler darf sich dieses Urteil erlauben: Das zwischen Himmel und Erde populär gewordene »Porsche-Cockpit« ist sein Werk, wenigstens seine Idee. Jahrelang hatte sich der Doktor der Wiederaufbereitung von Kernbrennstoffen gemeinsam über die unpraktische, unbequeme und meistens mehr arbeitsbehindernde denn -fördernde Gestaltung von Flugzeug-Cockpits geärgert: »Da waren die Europäer genauso altmodisch und träge wie die Amerikaner; als ob sie's alle von den Holzklasse-Jets der Russen abgeguckt hätten.« Chris Krahe ist noch heute wütend, »wenn ich wieder mal so eine Kiste fliegen muß. Und die Jungs von Boeing haben immer noch nicht viel gelernt.« Jedenfalls sammelte Chris

Krahe mit Akribie alle Piloten störenden und irritierenden Faktoren: »Ein ganzes Buch kam dabei zustande.« Und mit diesem »Buch« ging er zu verschiedenen Designern – und wurde restlos enttäuscht: »Da kam ich überhaupt nicht weiter. Es mangelte nicht am guten Willen, aber die guten Leute verstanden vom Fliegen so viel wie eine Kuh vom Hochamt. Und das war entschieden zu wenig.« Ein alter Studienfreund, der heute eine Professur in Wien hat, empfahl ihm, zu Porsche zu gehen. »Im Entwicklungszentrum Weissach fand ich die richtigen Leute. Ich hatte die Ideen, die Designer und Ingenieure von Porsche konnten sie umsetzen.« Ergometrische Untersuchungen im Cockpit waren bis dahin eine unbekannte Größe gewesen. Chris Krahes Urteil deckt sich mit den Erfahrungen von Tausenden von Piloten: »Flugzeuge sind Millionen-Objekte, aber die Gestaltung der meisten Cockpits war eine praktische Beleidigung für die Piloten, die damit fertig werden mußten.«

Die modern und übersichtlich gestalteten Cockpits des »flüsternden Riesen« A 310 und des »kleinen Airbus«, dessen Sidestick die herkömmlichen Steuerknüppel endgültig abgelöst hat, haben Millionen gekostet. »Mich haben sie vor allem Nerven gekostet«, erzählt Chris Krahe. »Und das Schlimmste waren unsere eigenen Leute. Nur wenige Manager waren von der Notwendigkeit neuer Cockpits zu überzeugen. Die meisten ›unteren Chargen‹ haben mir viel geholfen; es war ›ihr Cockpit‹. Aber die Mehrzahl der führenden Manager war skeptisch. Das hat eine Zähigkeit gekostet, das ganze Problem sozusagen den Hals ›runterzuwürgen‹. Das war das Schwerste.« Die Gegenwart strahlt in hellsten Farben: Weltweit wirbt die Airbus Industrie mit ihren »modernsten Cockpits«, richtungsweisend für die Welt zwischen Himmel und Erde. »Ich bin heute natürlich glücklich, daß ich das alles bis zum Ende durchziehen konnte. Aber schwer genug war's.« Es war im Grunde, wie's mit dem Airbus immer war: Man mußte nur daran glauben. Udo Günzel und Chris Krahe waren sich jedenfalls immer einig: »Wir hofften nicht nur, daß wir an einem guten Produkt arbeiteten, wir waren auch wirklich davon überzeugt. Und wir wußten – auch in den schlimmen Jahren 1975 und 1976, als viele ›Experten‹ uns prophezeiten, wir würden morgen arbeitslos sein –, daß sich der Airbus eines Tages durchsetzen würde. Schließlich wußten wir immer, was wir produzieren – und wir kannten doch auch die Qualität der Konkurrenz.«

Das sagt – 15 Jahre später – ein Mann, der buchstäblich zeitlebens mit High tech-Produkten gelebt, sich mit ihnen identifiziert und sich für sie auf allen fünf Erdteilen engagiert hat. Chris Krahe glaubt an die Luftfahrt, weil er Flieger ist. Und er ist Flieger, weil er weiß, daß die Luft Balken hat. Das ist nicht einmal ein Widerspruch vor dem Hintergrund des schweren Unfalls anno 1965: Da mußte Chris Krahe, frisch verheiratet, aus einer Hawker Seafury »aussteigen«. Der Motor war explodiert, das einmotorige Flugzeug stand in Flammen. »Alles brannte wie verrückt; da blieb mir nur noch der Fallschirm.« Chris Krahe blieb trotzdem Flieger. Chris Krahe: »Gerade deshalb.« Und als er mit den Porsche-Ingenieuren das neue Cockpit kreiert hatte, kam es zum Wiedersehen mit einem alten Gefährten: Hubert Massmann, Lufthansa-Flugkapitän, Präsident der deutschen Piloten-Vereinigung »Cockpit«, stand »auf der anderen Seite« und fightete leidenschaftlich fürs herkömmliche Drei-Mann-Cockpit. Es war schon damals ein Rückzugsgefecht. Chris Krahe, der genauso leidenschaftlich fürs neue Zwei-Mann-Cockpit kämpfte, das er entscheidend mit geprägt und konzipiert hatte, bilanziert heute: »Gar so weit waren wir trotzdem nicht auseinander. Allen ging es letzten Endes um humanere Arbeitsplätze und vor allem um Sicherheit.« Und doch bleibt ein Unterschied: Das Konzept von Krahe & Co hat sich behauptet. Und das ist nicht nur eine Frage der Wirtschaftlichkeit. Der Mann, der sich einst als Schuljunge von den Nachtjägern in Bonn faszinieren ließ und der später doch nie Soldat wurde – »Dazu hatte ich auch gar keine Zeit« – hat Fliegen immer mit den Augen eines Sicherheitsfetischisten gesehen: »Fliegen ist eine so schöne Sache; das muß einfach so sicher wie möglich gemacht werden. Dazu sind wir da.«

Premiere: Am 14. Februar 1987 wird die A 320 der Weltöffentlichkeit vorgestellt

Erstflug am europäischen Himmel: 22. Februar 1987

Die Crew des Erstflugs: Jürgen Hammer, Jean Marie Mathios, Pierre Baud, Bernard Ziegler, Gerard Guyot und Gordon Corps (von links)

Nach 1388 Flugerprobungsstunden erhielt der Airbus A 320 seine Musterzulassung

Der Unfall im Wald von Habsheim

Seit Oktober 1989 bei der Deutschen Lufthansa im Einsatz

Auch die Flugzeugführer der Zukunft bleiben vor allem Piloten

Der Einzug der modernsten Technik in die Cockpits der neuen Verkehrsflugzeuge, Flugführungs- und Navigationsbildschirme, elektronische Überwachungssysteme, die Fehler schnell und präzis signalisieren und gleichzeitig die besten Wege zur Behebung dieser Fehler oder zum Erkennen ihrer Ursachen weisen, und vor allem die computergeleitete elektronische Flugsteuerung – Fly by wire im Airbus A 320 wurde zum Synonym fortschrittlichster Technologie zwischen Himmel und Erde – das alles macht Piloten nicht überflüssig, nicht arbeitslos und vor allem auch nicht funktionslos. Und das gilt bei allen modernen Jets, beim Airbus A 320 als dem Non plus ultra des Flugzeugbaus ganz besonders. Niemand spricht mehr ernsthaft von Piloten als den »teuersten Passagieren im Cockpit«. Auch das Schlagwort vom Manager im Cockpit, mit dem viele Fluggesellschaften vor allem in den 70er Jahren werbend Piloten suchten und Flugzeughersteller immer wieder auf die sich stetig verändernde Arbeitswelt im Cockpit hinwiesen, war immer irreführend und ist bis heute irritierend geblieben.

Die Piloten der 90er Jahre und des 21. Jahrhunderts werden anders ausgebildet und müssen gänzlich andere Probleme bewältigen als ihre Vorgänger, die noch in den späten 50er und 60er Jahren in den »Pilotenbäckereien« geschult worden sind und die mehrheitlich heute Boeing-747- und DC-10-Kapitäne sind. Viele von ihnen wurden Technische- oder Ausbildungspiloten, weil sie den Technologie-Wandel in der Luftfahrt miterlebten, bewältigten und fähig wurden, junge Flugzeugführer in die digitale Cockpit-Welt zu integrieren. Männer wie Peter Heldt, Jahrgang 1938, Technischer Chefpilot der Lufthansa, oder Karl-Heinz Hitschler, Jahrgang 1950, A 320-Kapitän und Technischer Pilot, stellen aufgrund ihrer großen Erfahrungen in der gewandelten Cockpit-Welt

Flugkapitän Peter Heldt, Technischer Chefpilot der Lufthansa, bekennt sich zu bewährten Traditionen: »Die Maschine kann unterstützen – die Entscheidung trifft der Mensch«

Im Wandel der Zeit: Links das verwirrende Cockpit einer alten Boeing-727, rechts das »aufgeräumte« A 320-Cockpit

heutzutage übereinstimmend fest: »Vor zehn Jahren ist durchaus überlegt worden, ob wir bei den Ausleseverfahren im Hinblick auf die neuen Automationsverfahren den Typ des Ingenieurpiloten mehr forcieren sollten. Heute wissen wir: Genau das Gegenteil ist der Fall: Wir müssen noch mehr als bisher auf das Vorhandensein manueller Begabungen und Fähigkeiten achten.« Kapitän Heldt geht noch einen Schritt weiter: »Das wird auch sicherlich noch sehr lange so bleiben. Der Begriff des ›Managers im Cockpit‹ ist nicht nur irritierend, er kann auch schädlich wirken. Auch die Herstellerfirmen wie Boeing oder Airbus Industrie sind inzwischen vorsichtig geworden mit dem Begriff des Management Piloten. Derartige Definitionen lenken von den wichtigen elementaren fliegerischen Problemen ab, die bis heute erhalten geblieben sind.« Karl-Heinz Hitschler bringt es auf den einfachen Nenner: »Alle Elektronik im Cockpit, die jeder Pilot unserer Generation begreifen und beherrschen lernen muß, ändert nichts an der richtigen Feststellung, daß wir Flugzeugführer bleiben, daß das Flugzeug unser Werkzeug ist und daß die Kunst, richtig und sicher von A nach B zu fliegen, unsere Aufgabe bleibt. Insofern hat sich die Rolle des Flugzeugführers nicht gewandelt; und wenn man kein fliegerisches Gefühl hat, kann

man auch das beste Flugzeug nicht ordentlich fliegen, auch nicht den Airbus A 320.«

Piloten gelten gemeinhin als konservativ, als beharrend und stehen technischen Neuerungen oft kritisch und skeptisch gegenüber. Das ist grundsätzlich ein großes Plus. Der Einführung des Airbus A 310 und der Boeing-747–400 wurde viel Mißtrauen entgegengebracht. Am Ende der bewältigten Umschulung auf die neuen Muster aber gestanden viele Flugzeugführer, unter ihnen erfahrene Kapitäne, ihre Verwunderung über sich selber ein. In der Praxis wurden die Vorteile erkannt: »Warum waren wir bloß dagegen?« Auch der Airbus A 320, das technische Meisterstück der Verkehrsluftfahrt, beschwört ähnliche Auseinandersetzungen herauf. Und doch verlangt ein Mann wie Peter Heldt, der schon 1961 Lufthansa-Flugschüler, 1969 Flugkapitän wurde und viele Jahre lang Flottenchef der Boeing-737 der Lufthansa war und zweifelsohne zu den erfahrensten Piloten in Deutschland gehört, bei der A 320 vor allem »Besinnung auf fliegerische Qualitäten«.

Trotzdem führt die Einführung des modernsten Verkehrsflugzeuges, das je entwickelt und gebaut worden ist, auch bei einem Unternehmen wie der Deutschen Lufthansa zu neuen Ausbildungsmethoden und -inhalten. Mehrheitlich kommen die neuen A 320-Piloten von der inzwischen doch sehr betagten Boeing-727 und von der Boeing-737. »Die Leute von heute sind auf unserer Verkehrsfliegerschule in Bremen schon viel besser ausgebildet: für Boeing-737-Piloten ist der Schritt zum Airbus A 320 nicht so groß wie für manchen bewährten 727-Mann«, räumt auch Peter Heldt ein. »Das Umsteigen von der Boeing-727 auf den Airbus A 320 ist schon ein gewaltiger Spagat.« Der Technologie-Sprung ist groß; umso wichtiger ist, um mit Peter Heldt zu sprechen, bei diesem Prozeß das Einbringen der fliegerischen Erfahrung und Qualitäten. So sehr Männer wie Heldt und Hitschler die Reduzierung der fliegerischen Komponente im Pilotenalltag ablehnen und sich gegen Begriffe wie »Cockpit-Manager« wehren, so stark plädieren sie doch gleichzeitig für den Einsatz der modernsten Technik in den Cockpits. Sie erlaubt den Piloten, sich auf ihre eigentliche Aufgabe zu konzentrieren: »In einem Umfeld, das ihnen zunehmend mehr Präzision abverlangt, die Entscheidungen für die optimale Durchführung des Fluges zu treffen.«

Flugkapitän Peter Heldt geht noch einen Schritt weiter: »Kann man sich ein Unternehmen vorstellen, in dem ein Geschäftsführer überflüssig wird, nur weil es sich der modernsten Methoden der Arbeitsteilung, Informationsbeschaffung und -aufbereitung bedient, um auf einem immer enger und komplizierter gewordenen Markt zu bestehen? Die Maschine kann unterstützen – entscheiden muß der Mensch.« Und weil Verkehrsflugzeuge vor allem dazu gebaut werden, um Passagiere sicher und schnell über größere Distanzen zu transportieren, gilt auch als unabdingbare Wahrheit: Der »elektronische Kokon«, der als Schutzmechanismus in den Cockpits geschaffen worden ist, wurde – letzten Endes – von Passagieren und Piloten gemeinsam gewollt. »Wir haben diesen Schutz verlangt, weil wir sicher fliegen wollen«, stellt Peter Heldt unmißverständlich fest. Diese unzweideutige Maxime ergänzt Airbus-Kapitän Karl-Heinz Hitschler, der als einer der ersten Lufthansa-Piloten Flugerfahrung auf der A 320 im Liniendienst der Air France gesammelt hat, mit einer überzeugenden Alltagsthese: »Letzten Endes ist das beim Fliegen ähnlich wie beim Autofahren: Vom Auto erwarte ich, daß es keine Mucken hat und sicher ist – genauso ist es mit dem Flugzeug. Als Autofahrer bevorzuge ich Fahrzeuge, die so gut konstruiert sind, daß sie – bei aller Bequemlichkeit, gutem Fahrverhalten und angenehmer Straßenlage – das machen, was ich als Autofahrer will. Und zwar leicht, elegant, problemlos und sicher.«

Wo Kapitäne wieder die Schule besuchen

Das Prinzip ist ganz einfach: Je mehr Fluggesellschaften in aller Welt sich für europäische Airbus-Muster entscheiden, desto mehr Piloten und Flugzeugmechaniker müssen sich umschulen lassen und wieder die Schulbank drücken. Und alle führt der Weg – zwangsläufig – nach Toulouse zum Schulungszentrum der Airbus Industrie: Aeroformation. So heißt die 1972 gegründete Institution. Chef von Aeroformation, das seit 1985 mit dem Airbus Training Center in Miami eine eigene amerikanische Dependance unterhält, ist der ehemalige Concorde-Testpilot Jean Pinet.

»Was wir machen, ist im Grunde einfach erklärt: Wir führen Schulungskurse für das Personal aller Fluggesellschaften durch, die sich für den Einsatz von Airbus-Flugzeugen entschieden haben.« So definiert Udo Stoecker, einer der deutschen Manager von Aeroformation, die Aufgabe dieses Airbus-Tochterunternehmens. Allein 1989 wurden rund 900 Piloten sowie 2500 Mechaniker und andere Facharbeiter unterrichtet. Insgesamt wurden seit 1972 von Aeroformation 34 000 Airbus-Piloten, -Techniker und übrigens auch Flugbegleiter geschult. Und weil die europäischen Jets heute in aller Welt fliegen, müssen Aeroflot- und Nigeria Airways-, Swissair- und Saudia-, britische und chinesische Piloten aus der Volksrepublik wie aus Taiwan regelmäßig in Toulouse die Schulbank drücken bzw. in modernen Lehr-Räumen beim video- und rechnergestützten Unterricht die Airbus-Systeme studieren. Wobei jede Gesellschaft, die sich auf Airbusse umstellt, erst einmal ihre erfahrensten Ausbildungs- und Check-Kapitäne nach Toulouse schickt, die dann nach durchschnittlich fünfwöchigen Kursen ihr Wissen an die Crews ihrer Gesellschaften weitergeben.

»Es gibt eine Faustregel«, erläutert Udo Stoecker, »auf jedes verkaufte Flugzeug kommen drei bis fünf Cockpit-Crews und etwa 20 Wartungskräfte, die wir zu schulen haben. Das gehört sozusagen zum großen Verkaufspaket. Das macht 60 Prozent unserer Aktivitäten aus.« Rund 330 Beschäftigte hat Aeroformation in Toulouse, etwa 60 sind es im Airbus Trainings Center in Miami.

Neun unterschiedliche Simulatoren für die Airbus-Typen A 300–600, A 310 und A 320 stehen in Toulouse, sechs in Miami, darunter insge-

samt sechs moderne Flugsimulatoren, von denen einige über 20 Millionen Mark kosten. »Doch der Aufwand lohnt sich, denn wir können eine ordentliche und konzentrierte Ausbildung und Umschulung garantieren, die am Ende für die Airlines buchstäblich Gold wert ist.« So Udo Stoecker. »Allerdings sind wir in Toulouse auch sieben Tage in der Woche 24 Stunden lang betriebsbereit. Bei uns wird immer gearbeitet; die teuren Simulatoren machen nur dann Sinn, wenn sie kontinuierlich in Betrieb sind.«

Und weil es bei Aeroformation in Toulouse keinen Stillstand gibt, haben schon jetzt die Vorarbeiten für das Besatzungstraining für die neuen Langstrecken-Airbusse A 330/340 begonnen, das bereits 1992 aufgenommen werden soll. Die Definitionen für die neuen Simulatoren in Toulouse und Miami werden bereits »gestrickt«. Udo Stoekker: »Bei uns wurde der vierstrahlige Airbus A 340 schon ›geflogen‹, als er noch gar nicht fertig war.«

Moderne Simulatoren sind für die Schulung und Fortbildung in der Luftfahrt unersetzlich geworden. Dieser A 320-Simulator bei Aeroformation in Toulouse hat einer neuen Piloten-Generation geholfen, Sicherheit und Selbstvertrauen zwischen Himmel und Erde zu gewinnen

Wandel im Cockpit: Gestatten, Ariane Kall, A 320-Pilotin

»Eher wird eine Frau Boxweltmeister im Schwergewicht als Kapitän bei der Deutschen Lufthansa.« Der Satz war Maxime. Keiner der alten Fluglehrer der Lufthansa-Flugschule in Bremen, die sich in den 50er und 60er Jahre so große Verdienste um diese »Pilotenbäckerei« erworben haben, die mit Leib und Seele Flieger waren – gedrillt in den Fliegerschulen des Dritten Reiches, verbraucht und mißbraucht in den erbarmungslosen Luftschlachten der 40er Jahre am Himmel Europas und schließlich mit ihrer Leidenschaft zum Fliegen allein gelassen – hätte es sich je vorstellen können, daß einmal in den Cockpits »ihrer« Fluggesellschaft Frauen regieren würden. Für die verdienstvollen Oldtimer der Verkehrsfliegerschule waren Frauen – jedenfalls als Pilotinnen – ein indiskutables Thema. Genauso übrigens wie männliche Flugschüler mit etwas längeren Haaren, wie's Ende der 60er Jahren üblich war. Das war fürchterlich. Das war nicht mehr ihre Welt. Und es entbehrt nicht einer großen Portion Komik, daß zwei der wichtigsten Flugkapitäne der Lufthansa sogar jahrelang behaupteten, das im Nachhinein nur noch peinliche Worte – »Eher wird eine Frau Boxweltmeister im Schwergewicht als Kapitän bei der Lufthansa« – erfunden zu haben und gewissermaßen Erstgeburtsrecht beanspruchten: Alfred Vermaaten, langjähriger Chef der bremischen Flugschule und bis zu seinem viel zu frühen Tode einer der engagiertesten Lufthanseaten, wenn es um die ordentliche Ausbildung des fliegerischen Nachwuchses ging, und Werner Utter, viele Jahre lang Jumbo-Kapitän, Chefpilot und Vorstandmitglied der Gesellschaft. Was letzterer eigentlich immer mit Verve verfocht, weil er sich eine – noch dazu gleichberechtigte – Kollegin im Cockpit wirklich nicht vorstellen konnte, schwächte Alfred Vermaaten schon Mitte der 70er Jahre deutlich ab. Denn längst standen in aller Welt Linienflugzeugführerinnen ihre Frau. Vor allem in Nordamerika und in der Sowjetunion.

Ariane Kall, die erste deutsche Airbus-Pilotin, ist 22 Jahre jung

Und den Kranichfliegern blies der Wind zunehmend ins Gesicht. Alfred Vermaaten bekannte freimütig: »Vor 20 Jahren haben wir noch gelächelt, wenn sich einmal eine Frau bei uns bewarb, um Linien-Pilotin zu werden.« Das war in der Gründerzeit der Flugschule. »Doch das hat sich gründlich gewandelt: In den letzten Jahren haben wir einige Hundert ernstzunehmende Anfragen und Bewerbungen bekommen. Der Kreis junger Frauen, die Linienpilotin werden wollen und fest davon überzeugt sind, allen geistigen, physischen und psychologischen Anforderungen gerecht zu werden, ist erheblich größer geworden.« Freimütig räumte der Mann, der über 25 Jahre lang die bedeutendste europäische Flugschule geleitet hat, Ende 1976 ein: »Frauen können genauso gute Flugzeugführer werden wie Männer. Nichts spricht dagegen. Mir kann kein Mensch mehr weismachen, daß Frauen nicht genauso gut und verantwortungsbewußt fliegen lernen können wie Männer. An unserer Schule haben sich schließlich mehrere Frauen zu Privat- und Industriefliegerinnen ausbilden lassen.«

Trotzdem wehrte sich seinerzeit die Deutsche Lufthansa – übrigens als eine der letzten großen Fluggesellschaften der Welt – noch gegen die Aufnahme von Flugschülerinnen. Es waren ökonomische Rückzugsgefechte. Die Angst vor Babys bei ihren Pilotinnen in spe, die Furcht vor teuren Ausfallzeiten ließ die Lufthansa lange zögern. Sicherlich zu lange. Das Recht auf freie Berufswahl und die Gleichbehandlung der Geschlechter garantiert das Grundgesetz. Die Lufthansa hatte, auf die Dauer gesehen, schlechte Karten.

Die 80er Jahre brachten die Wende. Seit Dieter Harms, Boeing-747–400-Kapitän, in Bremen regiert, weht ein frischer Wind durch die Lehrsäle, Simulatoren und Cockpits am Neuenlander Feld. Die Lufthansa wollte endlich nicht mehr in einen Topf geworfen werden mit Unternehmen wie Alitalia oder Interflug, wo bis in die jüngste Vergangenheit hinein konservativ-militant gedacht wurde: Alitalia und Interflug und noch ein paar Fluggesellschaften mehr rekrutierten ihre Linienpiloten vornehmlich aus den Streitkräften – und da gab's keine Fliegerinnen. Im Gegensatz übrigens beispielsweise zu den USA. Am 21. April 1986 war es – endlich – soweit: Nicola Lunemann aus Köln – beide Brüder waren schon Lufthansa-Piloten – und Evi Lausmann aus St. Georgen in Oberbayern begannen ihre Ausbildung gemeinsam mit 14 jungen Männern im 154. Nachwuchsflugzeugführerlehrgang. Beide wurden viel bestaunt, viel bewundert und durch die Medien gezerrt. Beiden ist Fliegen längst beruflicher Alltag. Beide sind inzwischen Boeing-737-Copiloten. Wie ein Dutzend junger Frauen mehr. Und buchstäblich Monat für Monat werden's mehr. Damit zeichnet sich auch schon jetzt der Tag am Horizont ab, an dem die erste Flugkapitänin der Lufthansa ihre Passagiere an Bord herzlich willkommen heißt. Von der ersten Boxweltmeisterin wird schon sehr lange nicht mehr gesprochen. Im Grunde möchte kein Lufthanseat mehr an diese peinliche Entgleisung erinnert werden.

Evi Lausmann und Nicola Lunemann wurden Symbolfiguren. Die beiden jungen Damen brachen den Bann. Ariane Kall folgte ihren Spuren und wagte den nächsten Schritt. Ariane Kall, 22 Jahre (!) jung, ist die erste Linienflugzeugführerin für den »Jet des 21. Jahrhunderts«. Ariane Kall ist die erste deutsche A 320-Pilotin. Keine stürmte so schnell und so jung in den Fliegerhimmel wie dieses Mädchen, das in Theodor Storms »grauer Stadt am Meer«, im nordfriesischen Husum aufgewachsen ist, im schwäbischen Krumbach mit Bravour das Abitur – Note 0,9 – bestanden, sich sofort bei der Verkehrsfliegerschule beworben, aber zuvor schnell noch zwei Semester Physik studiert hat. »Rocket« wurde sie von ihren Freunden schon an der Schule genannt. Tatsächlich vollzog sich alles im Raketentempo: Abitur mit 17, Linienflugzeugführerschein mit 21. Das gab's an der »Pilotenbäckerei« in Bremen noch nie. Da lernten selbst erfahrene Fluglehrer, allen voran Schulchef Dieter Harms, das Staunen. Für Ariane Kall, eine selbstbewußte, selbstsichere junge Dame mit braunen Locken, gab es nie Zweifel über ihren Beruf: »Ich wollte fliegen.« Also bewarb sie sich am Tag, an dem sie ihr Abiturzeugnis ausgehändigt bekam, bei der Deutschen Lufthansa: »Und dabei hatte ich Physik in der 11. Klasse abgewählt; Französisch, Englisch und Wirtschaft waren meine Hauptfächer.« Die Freude an der Fliegerei hat sie vom Vater, einem ehemaligen Oberstleutnant und Jagdfliegerpiloten der Bundeswehr. Als der Vater pensioniert wurde, sich für die Privatfliegerei begeisterte und die Tochter wiederholt mitnahm, entdeckte auch Ariane Kall ihre große Liebe, erwarb schon als Schülerin das Funksprechzeugnis und schockierte erst einmal ihre Mutter mit ihrem Berufswunsch: »Anfangs war sie entsetzt; inzwischen hat sie sich daran gewöhnt. Sie hat mich sogar mal im Unterricht in Bremen besucht.«

Die Ausbildung zum Linienpiloten dauert in Bremen nur zwei Jahre. Doch diese zwei Jahre sind außergewöhnlich hart. Flugkapitän Dieter Harms: »Das Volumen des Stoffs dieser zwei Jahre entspricht einem fünf- bis sechsjährigen herkömmlichen Studium. In diesen zwei Jahren in Bremen und in Phoenix in Arizona wird jeder unserer Flugschüler aufs äußerste gefordert. Da bleibt kein Freiraum, da wird härteste Disziplin verlangt. Nur wer das innerlich akzeptiert, kommt ans Ziel.« Ariane Kalls Antwort auf die Frage, ob ihr die Ausbildung schwer gefallen sei, ist ein Kopfschütteln: »Nein, eigentlich nicht.«

Die erste Airbus-Pilotin der Deutschen Lufthansa ging auch während ihrer Ausbildung ungewöhnliche Wege. Schablonen haßt sie. Beworben hatte sie sich ursprünglich – wie fast alle Kommilitonen – für die zweistrahlige Boeing-737. »Der Airbus A 320 wurde von fast allen abgelehnt; nur Drei aus unserem Lehrgang sahen im A 320 ihr Eingangsmuster auf der Linie«, erinnert sie sich und übt im gleichen Atemzug Kritik: »Wir wurden über das Flugzeug nicht richtig aufgeklärt, hatten viel gehört und gelesen und waren durch die Bank sehr kritisch eingestellt.« Der aufgedonnerte, überzeichnete Einführungsfilm der Airbus Industrie mit Chefpilot Bernard Ziegler trug das übrige dazu bei, die Lufthansa-Flugschüler gegen den vermeintlichen Wundervogel einzunehmen.

»Als wir dann auf der Lufthansa-Basis in Frankfurt die ersten A 320-Piloten kennenlernten, die alle begeistert waren, wurden unsere Vorurteile immer kleiner. Und als uns Flugkapitän Henze mit seinem Einführungsvortrag das Flugzeug nahe gebracht hatte, wurde mir klar: Im Grunde ist's ein Flugzeug wie jedes andere. Nur das Handwerkszeug ist anders geworden. Auf einmal war der Airbus A 320 eine Herausforderung für mich; da machte ich einen Wandel durch.« Ariane Kall denkt mit ein wenig Grausen an die Auseinandersetzungen in der bremischen Flugschule über den »kleinen Airbus« zurück: »Das war ja richtig ›Mord- und Totschlag‹, da waren damals schlimme Aversionen gegen dieses Flugzeug vorhanden. Heute ist mir das alles unbegreiflich. Dieser Jet ist eine großartige Herausforderung für jeden Piloten.« Das Ergebnis der Auseinandersetzungen: 12 der 18 Flugschüler ihres Lehrgangs gingen nach ihrer Ausbildung auf die Boeing-737, sechs zogen – Ariane Kall: »Voller Überzeugung« – ins A 320-Cockpit.

Die 1,71 Meter große Airbus-Pilotin gehört nicht zu den Frauen, die sich von arrogant-überheblichen Mannsbildern ins Bockshorn jagen lassen: »Außerdem bin ich eigentlich überall immer akzeptiert worden. Auch wenn's natürlich beim Flugtraining mit den amerikanischen Ausbildern in Arizona immer wieder vorkam, daß einer spottete ›Typisch Frau‹, wenn ich einen Meter von der Mittellinie landete. Bei den Jungs sagten dieselben Lehrer nichts. Umso mehr bin ich von allen Lehrern in Bremen anerkannt worden.« Das ist kaum verwunderlich: Unter den Fluglehrern in Bremen gibt es auch schon eine Frau. So ändern sich die Zeiten.

Doch auch das hat Ariane Kall schon erlebt: Ein älterer Purser, erfahren und bewährt in Lufthansa-Diensten, machte aus seiner antiquierten Haltung keine Mördergrube: »Bis die erste Frau bei uns Kapitän ist, bin ich Gott sei Dank längst pensioniert.« Ariane Kall trägt's mit Fassung. Und wenn der erste Fluggast die junge Dame, die manchmal wirklich mehr wie 19 denn wie 22 ausschaut, trotz ihrer drei Ärmelstreifen beim Gang durch die Passagierkabine mit einer charmanten Stewardeß verwechselt und um einen Kaffee bittet, ist sie um die Antwort nicht verlegen: »Nein, dazu hab' ich jetzt keine Zeit. Ich fliege sie jetzt erst einmal nach München.« Und alles mit 22 Jahren.

Ariane Kall ist die erste Frau, die in Deutschland den 150sitzigen maximal 900 Stundenkilometer schnellen zweistrahligen Airbus A 320 fliegen darf. Die junge Dame, die gern Violine, Klarinette, Gitarre und Geige spielt, begeistert den Tennisschläger schwingt und schon mit 17 Jahren ihr Abitur bestanden hat, ist – wider Willen und ohne alle Attitüde – eine Symbolfigur geworden. Wie zuvor Evi Lausmann und Nicola Lunemann. Doch das bringt sie weder in Verlegenheit noch in Schwierigkeiten: »Ich habe mich für diesen Beruf entschieden, weil er für mich eine Herausforderung darstellt, weil er interessant ist und weil er Verantwortung fordert.« Daß der Pilotenjob auch sehr abwechslungsreich sein kann, weiß diese erste Airbus-Pilotin der Lufthansa. Sie fühlt sich alles andere als auf dem Präsentiertisch: »Es gibt inzwischen so viele Pilotinnen in unserem Unternehmen, daß ich gar nicht mehr auffalle. Und bis die ersten von uns die vier Kapitänsstreifen haben werden, gehen noch so viele Jahre ins Land, daß dann darüber kein Mensch mehr spricht.«

»Rocket« ist schon die zwölfte Frau in den Cockpits der deutschen Airline. Das erste Dutzend ist flügge. Das zweite Dutzend ist schon im Training und in den Hörsälen. Ein paar künftige A 320-Pilotinnen sind auch dabei.

Automatische Landung: Finale eines langen Testflugs

Arbeitsplatz am Himmel

Passagiere sind bei Test- und Programmflügen nicht zugelassen. Meßgeräte und Computer füllen die Kabine. Dieser Aufwand garantiert Sicherheit für den späteren Einsatz im Liniendienst, hilft Kosten zu senken und Lärm und Emissionen zu reduzieren

Flugingenieur Jürgen Hammer kontrolliert an seinem »fliegenden Kommandostand« 11 Tonnen Flugversuchsinstrumentierung

Wasserspritzversuch auf überfluteter Landebahn: Es muß gewährleistet sein, daß durch die Lufteinläufe nicht zuviel Wasser in den Triebwerksbereich eindringt

Kein alltäglicher Start: Die Leistungs- und Belastungsgrenzen werden während der Testflüge auf vielfältige Art erreicht. Auch bei minimaler Abhebegeschwindigkeit muß die sichere Durchführung des Starts garantiert sein

Härtetest in Toulouse: Rumpf und Flügel werden in statischen Bruchversuchen buchstäblich zerstört. Die Belastungen bei diesen Tests überschreiten bei weitem die Kräfte, die im Flug auftreten können

Heiße Luft beflügelt

Flugzeuge zu bauen, die wirtschaftlich fliegen, wenig Lärm verursachen, keinen Dreck machen und außerdem auch noch lange halten, ist eine Kunst geworden, auf die sich nur wenige große Unternehmen in Ost und West verstehen. Doch die besten Flugzeuge taugen nichts ohne die richtigen Triebwerke. Und das ist in der Welt zwischen Himmel und Erde noch viel schwerer geworden, als Jets zu bauen: Die Neuentwicklung eines Großtriebwerks kostet heute wenigstens so viel wie die Konstruktion eines neuen Flugzeuges – das fängt bei zwei Milliarden Dollar an – und dauert neuerdings auch länger als der Entwicklungsprozeß eines modernen Verkehrsflugzeuges. Und dafür werden heutzutage auch schon wenigstens acht Jahre angesetzt. Das ist auch der große Unterschied noch zu den 60er und 70er Jahren. Damals war alles umgekehrt: Für die Entwicklung neuer Triebwerke wurde nur halb so viel Zeit veranschlagt wie für die Entwicklung neuer Jets. Und mit den Kosten war es ähnlich. Das ist übrigens, am Rande sei's angemerkt, auch der elementare Unterschied zwischen der europäischen und amerikanischen Luftfahrtindustrie einerseits und der sowjetischen Flugzeugproduktion andererseits: Mit den Flugzeugen geht's im roten Riesenreich noch einigermaßen, auch wenn es mit der aerodynamischen Qualität der sowjetischen Flugzeuge und vor allem ihrer Tragflächen noch sehr hapert. Aber im Triebwerksbau – die moderne Elektronik eingeschlossen – ist die Kluft zwischen Ost und West so groß geworden, daß sich sowjetische Flugzeuge praktisch nicht verkaufen lassen. Jedenfalls nicht auf dem offenen Markt.

Die Welt, in der auf höchst komplizierte Art heiße Luft in Energie umgewandelt wird, um am Ende die notwendige Schubkraft für die Triebwerke zu erzeugen, wird auf wirtschaftlich vertretbare und auch ökologisch immer mehr zu akzeptierende Weise im Grunde nur noch von drei Unternehmen wirklich beherrscht: General Electric und Pratt & Whitney, die beiden amerikanischen Giganten, und die traditionsbeladene britische Nobelfirma Rolls Royce, die so viele Stürme überstanden hat, in den 70er Jahren den Anschluß verpaßt zu haben schien, zunehmend aber wieder Auftrieb gewinnt, dominieren. Ohne sie läuft keines der fliegenden Kraftwerke. Dazu kommen der französische General-Electric-Partner SNECMA, dessen Ehe mit den Amerikanern beiden Seiten sehr gut getan hat, und die deutsche Daimler-Benz-Firma MTU (Motoren- und Turbinen-Union) mit 7800 Beschäftigten im Triebwerksbau über die es in der Branche weltweit heißt: Klein, aber fein und an (fast) allen wichtigen Triebwerksprojekten rund um den Globus beteiligt. Im Zweifelsfalle mit den Niederdruckturbinen. MTU-Technik treibt amerikanische Jumbos und MD-11, zweistrahlige Boeing-757 und Boeing-767, europäische Widebodies Airbus A 300 und A 310 an. Und natürlich auch den »kleinen Airbus« A 320 und, ein Blick in die Zukunft, die verlängerte A 321.

Die Airbus-Bauer sind sich mit den Managern der Airlines einig: Das Beste ist gerade gut genug. Was allerdings wirklich das Beste im Triebwerksbau ist, darüber streitet sich die Branche. Das Ergebnis ist folgerichtig: Die einen haben sich für das Triebwerk CFM 56–5-A 1 von General Electric und SNECMA entschieden; das sind die meisten. Bislang jedenfalls. Die anderen für das V 2500, das vom Triebwerkskonsortium IAE (International Aero Engines) gebaut wird. Die IAE-Partner sind Pratt & Whitney mit 30 Prozent Anteilen, Rolls Royce (30 %), das japanische Konsortium JAEC (23 %), die deutsche MTU (11 %) und Fiat Avio (6 %) aus Italien. Die Deutsche Lufthansa ging ihren eigenen Weg. Die Lufthanseaten entschieden sich für beide Triebwerke: Ihre A 320 fliegen mit CFM 56–5-A 1-Triebwerken, ihre künftigen A 321 mit V 2500-Triebwerken. Das macht sogar sehr viel Sinn.

Zweifelsfrei ist inzwischen, daß für das Kurz- und Mittelstreckenverkehrsflugzeug A 320/321 zwei Triebwerke angeboten werden, die höchsten Ansprüche genügen. Die Motoren der beiden großen Konkurrenten – angesiedelt zwischen 25000 und 30000 Pfund Schubkraft – repräsentieren modernste Triebwerkstechnologie. Wenn sich ausgerechnet die Deutsche Lufthansa mit ihrem erfahrenen Ingenieurkorps, deren große und kleine Jets in den 90er Jahren fast ausschließlich von General Electric- bzw. CFM-Triebwerken beflügelt werden, wieder Pratt & Whitney zugewandt hat, dann muß das Votum zugunsten des Triebwerks V 2500 für den Airbus A 321 erstens Überraschung und zweitens Fragen auslösen. Zumal Pratt & Whitney der Branche und vor allem den Kranichfliegern in den vergangenen Jahren ernsthafte Probleme bereitet hat, die fast zum Abbruch aller Beziehungen zwischen diesen

Unternehmen geführt hätten. Das Desaster der späten 80er Jahre war komplett: Das IAE-Konsortium propagierte 1987 vollmundig das Superfan-Triebwerk für Langstreckenjets à la Airbus A 340 – keine Fluggesellschaft flog auf den Superfan mehr als die Lufthansa. Ausgerechnet Reinhardt Abrahams mit allen Wassern der Zunft gewaschenen Ingenieure und Physiker bauten voreilig, wie sich später herausstellte, auf den Superfan. Schon wenige Monate später kam aus East Hartford in Connecticut die Hiobsbotschaft: Pratt & Whitney hatte zu viel versprochen, der Superfan, im Grunde eine deutlich leistungsfähigere größere Version des V 2500-Triebwerks, war nicht zu verwirklichen. Jedenfalls vorläufig nicht. Für Reinhardt Abraham & Co, die Warnungen aus den eigenen Reihen nicht ernst genug genommen hatten, war es eine Blamage; für IAE war es eine marktpolitische Katastrophe. Da paßte es schrecklich ins Bild, daß sich das vielgerühmte V 2500, mit dem die bereits bewährten CFM 56-Motoren übertroffen werden sollten, schon bei den ersten Versuchen auf dem Prüfstand buchstäblich zerlegte. Das Programm war gefährdet, die Lufthansa, von der in wichtigen technischen Fragen seit Jahrzehnten eine weltweite Signalwirkung ausgeht, orderte für ihre Airbusse A 320 amerikanisch-französische CFM 56-5-A 1-Motoren, obwohl sie sich ursprünglich für das attraktiver wirkenden Kraftpaket V 2500 ausgesprochen hatte. Entsprechend groß war die Verärgerung auf allen Seiten – nur General Electric und SNECMA, die mit Hilfe des Airbus-Familienprogramms ohnehin zur dominierenden Größe in der Triebwerkswelt aufgestiegen und wie ein Phönix aus der Asche wieder auferstanden sind, hatten allen Grund zu frohlocken. Das von Pratt & Whitney geführte IAE-Konsortium dagegen hatte im hart umkämpften Milliarden-Pokerspiel gleich zweimal das Gesicht verloren; die Lufthanseaten wiederum fühlten sich, mit Fug und Recht, als die Blamierten. Und weil bei CFM International alles wie am Schnürchen lief, boomte das Geschäft: Der aus den erfolgreichen Triebwerken CFM 56−2 und CFM 56−3 abgeleitete Kraftprotz CFM 56−5-A 1 glänzte mit zahlreichen Verbesserungen, die von der Kundschaft dankbar angenommen wurden:

- Reduzierter Kraftstoffverbrauch durch einen neuen Bläser
- Modifizierter Booster (Niederdruckverdichter)
- Fortschrittliche Turbinenauslegung
- Einführung der digitalen elektronischen Regelung der Triebwerksfunktionen: FADEC (Full Authority Digital Electronic Control). Dadurch wird der hydromechanische Regler ersetzt.

Mit einer Schubkraft von 25 000 Pfund, die für die Triebwerksversion CFM 56−5-B bis auf 30 000 Pfund verbessert werden kann, wurde dieser Motor zum Volltreffer: Von bisher jeweils vier bestellten oder bereits fliegenden Airbus A 320 haben drei das CFM 56−5-A 1. Und jede Order löste im Easts Hartford Bitternis aus. Und neue Anstrengungen. Sie führten am Ende doch zum Erfolg.

Und wieder wurde die deutsche Fluggesellschaft zum Indikator: Am 13. März 1990 beschloß der Vorstand der Deutschen Lufthansa, seine künftige A 321-Flotte mit V 2500-Triebwerken auszurüsten – eine Entscheidung, die bei allen großen Airlines mit Respekt zur Kenntnis genommen wurde und langfristig viele Nachahmer finden wird. Das Votum des Aufsichtsrates war nur noch eine Formsache. Die förmlichen Unterschriften folgten sowieso erst später. Doch das gehört zum Zeremoniell der Branche. Den Kauf der Airbus A 321-Flotte hatten die deutschen Linienflieger schon 1989 verkündet; die entsprechenden Verträge wurden erst im Sommer 1990 formell unterzeichnet. Das sicherte am Ende doppelte und dreifache Publizität. Doch die Entscheidung hatte sich die Lufthansa nicht leicht gemacht. Erstens fühlten sich die Hamburger Ingenieure als gebrannte Kinder nach dem vorausgegangenen Debakel; zweitens waren die Techniker mit den CFM-Motoren zufrieden. Also wurden die beiden fliegenden Kraftwerke einer detaillierten Prüfung unterzogen, die ihresgleichen sucht: Nie zuvor hatten Airline-Techniker eine so kritisch-gründliche vergleichende Untersuchung von zwei zur Auswahl stehenden Triebwerken vorgenommen. Nichts blieb unberücksichtigt. Das Resümee konnte alle zufrieden stellen: Beide Triebwerke wurden als vorzüglich definiert, beiden wurden höchste Qualitäten attestiert. Und doch gab es minimale Unterschiede. Sie gaben den Ausschlag. Und dazu die Industriepolitik der Lufthansa.

Daß die IAE-Ingenieure zwei Hochdruckturbinenstufen im V 2500 installiert haben gegenüber nur einer im CFM 56−5-A 1 löste in Hamburg-Fuhlsbüttel Zufriedenheit aus: Zwei Hochdruckturbinenstufen erreichen in wichtigen Momenten mehr Wirkung. In punkto Emissionen lautete das Lufthanseaten-Ur-

Das Triebwerk V 2500 wird zum Prüflauf bei der Motoren- und Turbinen-Union in München vorbereitet. Die Daimler-Benz-Firma ist am V 2500 mit 11 Prozent beteiligt

teil: Das V 2500 ist seiner Zeit ein großes Stück voraus – ähnliche Werte werden von der Konkurrenz erst in ein paar Jahren erwartet. Vorteilhafter verlief auch die Lärm-Messung: Das V 2500 ist in der Außenwirkung deutlich leiser als das CFM 56–5-A 1. Kritisch fiel das Urteil für beide Produkte beim Kabinenlärm aus: Beide Triebwerke sind noch nicht leise genug. Und im Treibstoffverbrauch registrierten die Lufthansa-Ingenieure einen Vorteil von 4 bis 5 % zugunsten des IAE-Motors. Wesentliche Bedeutung aber hat für alle Fluggesellschaften das weite Feld Product Support. Das deutsche Urteil über das französisch-amerikanische Triebwerk: Ausgezeichnet. Wie's mit dem V 2500 aussieht, konnte niemand konstatieren – noch fehlen praktische Erfahrungen. Beide Triebwerke haben enge Leistungsgrenzen, die Betriebskosten sind ähnlich. Und außerdem bereitet auch die Definitionserweiterung beider Triebwerke der deutschen Fluggesellschaft keine Probleme: Den maximal 30000 Pfund vom CFM 56–5-A 1 stehen zwar lediglich 29000 Pfund beim verstärkten V 2500 gegenüber, doch »diese 29000 Pfund sind wie 30000 Pfund, weil der Standschub systembedingt weniger zusammenbricht«. So definierte es immerhin Lufthansa-Ingenieurdirektor Rolf

Stüssel, dem Airbus-Manager immer wieder vorgeworfen haben, er sei ein viel zu großer Freund der Boeing-Company, und von dem bei Pratt & Whitney schon behauptet worden ist, er bevorzuge General Electric-Triebwerke. Die Wirklichkeit sah – auch diesmal – ganz anders aus: Rolf Stüssel hat sich für den Airbus A 320 stark gemacht, engagiert für den Airbus A 321 eingesetzt und außerdem für das Triebwerk V 2500 plädiert. Die Argumentation der Lufthansa war, trotz aller Enttäuschungen mit Pratt & Whitney, fair und überzeugend. Zwei Argumente sprachen für International Aero Engines: Erstens die in eigenen sorgfältigen Studien gewonnenen Erkenntnisse, die dem V 2500 einen leichten Vorteil gegenüber dem CFM 56–5-A 1 einräumten – Rolf Stüssel: »Wir haben aufgrund jahrelanger guter Erfahrungen wirklich keine Veranlassung, General Electric in den Sack zu hauen« – und zweitens die Industriepolitik der Lufthansa, deren renommierte Werft in Hamburg-Fuhlsbüttel längst mehr als nur ein

Ein weit geöffnetes CFM 56-Triebwerk. Das wartungsfreundliche Kraftpaket von General Electric und SNECMA hat sich als technischer und wirtschaftlicher Volltreffer bewährt: Drei von vier A 320 fliegen mit diesem Motor

Profitcenter ist. Diese Werft ist eine Goldgrube, in der der Kranich goldene Eier für die Bilanz ausbrütet. In dieser Werft sind 2000 hochqualifizierte Menschen mit der Betreuung, Reparatur und Überholung von Triebwerken beschäftigt. Für diese Triebwerks-Werkstatt ist der neue Motor von IAE ein neues Standbein. Dabei geht es den Lufthanseaten, die sich mit ihren Aufträgen in den 80er Jahren schon fast einseitig zugunsten von General Electric und SNECMA festgelegt hatten, nicht einmal vorrangig darum, eine mögliche Monopolstellung von General Electric zu verhindern. Viel wichtiger ist es für die Triebwerks-Werkstatt, die zu den modernsten Betrieben dieser Art in der Welt gehört, sich mit dem Kraftpaket V 2500 langfristig ein ganz neues Arbeitsfeld zu sichern. Vor dem Hintergrund, daß in aller Welt die Boeing-727- und älteren Boeing-737-Flotten ausgemustert und vor allem durch Airbusse mit CFM 56–5-A 1 und V 2500-Triebwerken ersetzt werden, gewinnt die Entscheidung der führenden deutschen Fluggesellschaft für das von so schweren Geburtswehen begleitete Triebwerk V 2500 zusätzlich an Bedeutung: Auf zwei festen Standbeinen lassen sich besser Geschäfte machen. Nicht zuletzt auch mit den vielen nah- und mittelöstlichen Fluggesellschaften, die kontinuierlich ihre Regierungs-, VIP- und auch Scheich-Jets erneuern. Freimütig hat Dr. Rolf Stüssel das Votum der Lufthansa für das V 2500 in dieser Hinsicht erläutert: »Natürlich haben auch wichtige industriepolitische Gründe eine Rolle gespielt. Mit diesem neuen Triebwerk in der Flotte können wir künftig unsere technische Kompetenz bei der Triebwerkswartung und -instandhaltung auf eine noch breitere Basis stellen, ein großer Vorteil im Kundengeschäft.«

»Das grüne Triebwerk«

So sehr sich die deutsche Fluggesellschaft auch von industriepolitischen Gesichtspunkten leiten ließ, so steht doch inzwischen auch zweifelsfrei fest: Die Lufthansa, die mit der Inthronisierung einer eigenen Umweltschutz-Direktion Schrittmacherdienste in Europas Luftfahrt geleistet hat – Stüssel: »Die Lärm- und Abgasemission von Flugzeugen wird schon in naher Zukunft als Umweltproblem mindestens die gleiche, wenn nicht eine wichtigere Rolle in der Öffentlichkeit spielen als gegenwärtig die Emissionen und Abwässer von Industriebetrieben oder die Schadstoffemissionen im Kraftfahrzeugverkehr« – hat rechtzeitig die großen Chancen erkannt, die dieses Triebwerk vor dem Hintergrund der sich stetig verschärfenden Auseinandersetzung um Lärm und Schadstoffe bietet.
Spätestens jedenfalls, als das IAE-Konsortium eine drastische Reduzierung des Stickoxidausstoßes in drei Schritten verkündete: Bis 1992 soll zunächst eine Verringerung um 15 Prozent erreicht werden, bis 1996 um weitere 15 Prozent und bis 1999 sogar noch einmal um 40 Prozent – am Ende ist also eine Reduktion um 70 Prozent bei den Stickoxiden versprochen. Angesichts der gefährlichen Rolle, die Stickoxide bei der Entstehung des sauren Regens spielen, ist das ein respektabler Vorschuß in punkto Umweltschutz. Mehr jedenfalls, als selbst viele kundige »Grüne« gefordert hatten. Viel mehr, als die Politik als amtliche Forderung für vertretbar gehalten hatte. Und natürlich ein seriöser Beitrag der Industrie zur Einhaltung der strengen europäischen Luftreinhaltungsgesetze, die in diesem Jahrzehnt mit Sicherheit eine erhebliche Verschärfung erfahren werden.
Mit der Reduktion des Stickoxidausstoßes in modernen Triebwerken ist es ähnlich wie mit dem Katalysator: Wenn er – endlich – zum unabdingbaren wirtschaftspolitischen Muß wird, sind die einschlägigen Ingenieure und die Industrie zu Leistungen fähig, die zuvor gewöhnlich als nicht oder höchstens nur zu unvertretbar hohen Kosten als machbar definiert worden waren. Um diese Stickoxid-Reduzierung beim V 2500 zu erreichen, werden Modifikationen an der Brennkammer im »Herzen« des Triebwerks vorgenommen. Der Schlüssel liegt im Absenken der Temperatur, bei der das Treibstoff-Luft-Gemisch verbrannt wird, ohne daß sich dabei aber der thermodynamische Wirkungsgrad verschlechtert. Denn die Maxime gilt: Je höher die Temperatur ist, desto höher ist auch der NOx-Anteil. Beim V 2500 liegt sie immerhin bei über 1700 Grad Celsius.
Im ersten Schritt wollen die Physiker und Ingenieure der Motoren- und Turbinen-Union und ihrer Partnerfirmen in den USA, Italien, Großbritannien und Japan diese Temperatur um rund 260 Grad reduzieren. Das wird erreicht durch eine Änderung der Zusammensetzung des Treibstoff-Luft-Gemisches an der Stirnseite der Brennkammer, wo der Verbrennungsprozeß einsetzt, sowie in der Brennkammer-Mitte, wo mehr Luft zugeführt wird. Schon ab 1994 soll dieses radikal verbesserte Triebwerk bei den europäischen Fluggesellschaften, die sich für das V 2500 am Airbus A 320/321 entschieden haben, serienmäßig eingesetzt werden können. Das Resultat aller konzentrierten Bemü-

Lärm-Kontur beim Start in Hamburg
Airbus A320 und Boeing 727-200 im Vergleich

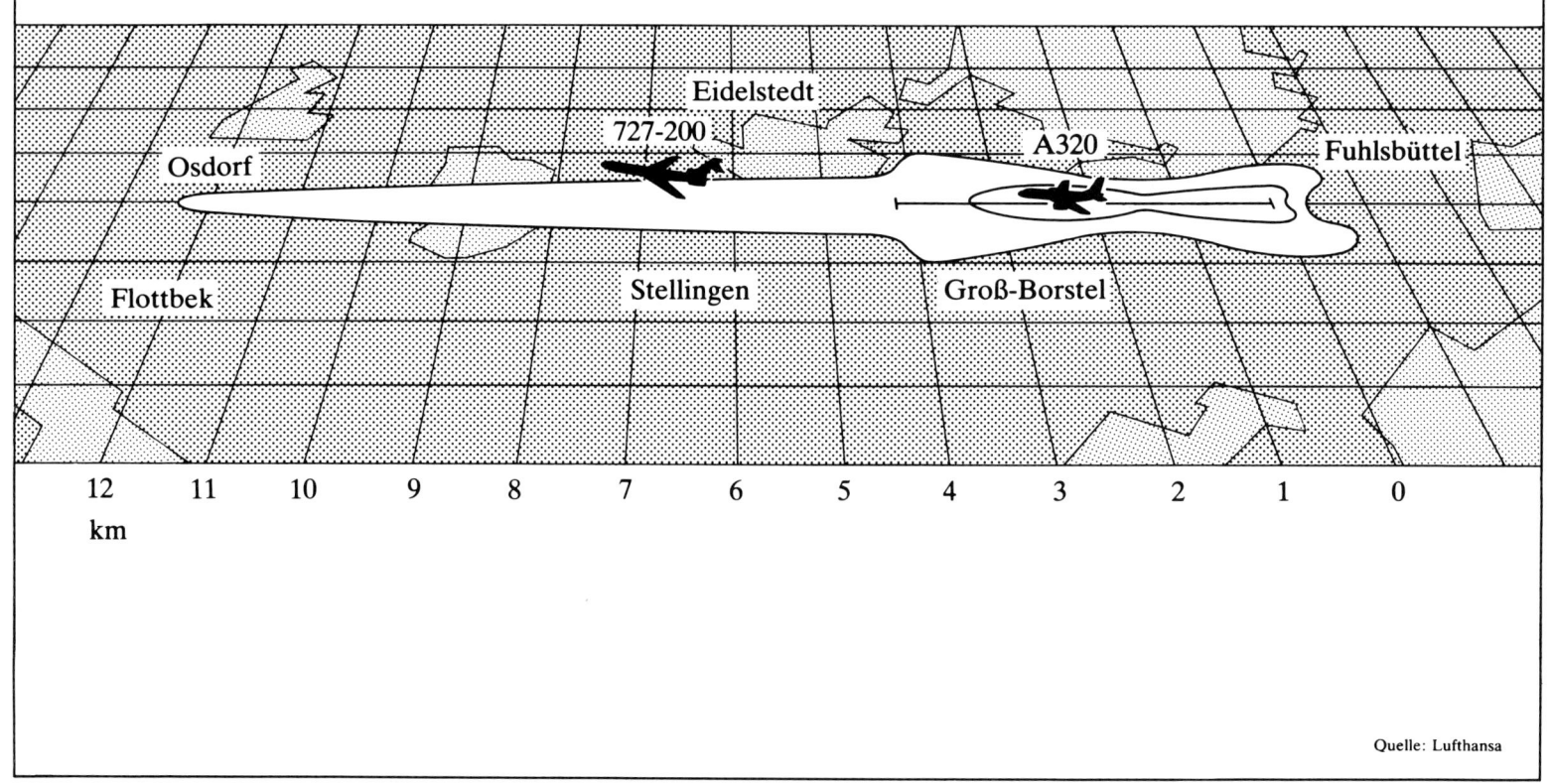

Quelle: Lufthansa

hen ist imponierend: Schon jetzt erreicht das »Grüne Triebwerk« des IAE-Konsortiums beispielsweise beim Kohlenmonoxid einen Aufstoß von nur zehn Prozent des gesetzlich erlaubten Wertes; außerdem ist es frei von sichtbarem Rauch. Zudem trägt der deutlich verringerte Treibstoffverbrauch natürlich auch noch stark zur Emissions-Reduktion bei.

Als Sieger im lukrativen Milliardenspiel aber sieht sich heute vor allem Robert F. Daniell, der Chef des amerikanischen Technologie-Giganten United Technologies Corporation (UTC), dem auch die Triebwerksfirma Pratt & Whitney angeschlossen ist. Als die Lufthansa beim Airbus A 320 nach dem Versagen des IAE-Partners Rolls Royce vom V 2500 auf das CFM 56–5-A 1 umgeschwenkt war, schwor der 57jährige Amerikaner: »Wir werden uns alle Beine ausreißen, um die Lufthansa wieder als Kunden zu gewinnen.« Der Kraftakt hat sich gelohnt: Im harten Kampf um heiße Luft haben die Ingenieure und Konstrukteure von Pratt & Whit-

Je moderner desto leiser. Der Airbus A 320 bedeckt beim Start mit seinem Lärm eine Fläche von 1,55 km² – der Lärmteppich einer alten Boeing 727-200 beträgt 14,25 km²

ney, MTU und Rolls Royce wieder wertvollen Boden gut gemacht, der schon verloren zu sein schien. Doch dieser Fight zwischen Himmel und Erde ist endlos; er wird im 21. Jahrhundert genauso erbarmungslos fortgesetzt werden, wie er im letzten Jahrzehnt des 20. Jahrhunderts praktiziert worden ist.

Der Mittelstand verdient am Airbus

Das Klagelied wird alle Jahre neu gesungen: Der Airbus wird mit Milliarden subventioniert, die mittelständischen Unternehmen dagegen müssen sehen, wie sie ohne Rote Zahlen über den Kurs kommen. Die Wirklichkeit sieht ganz anders aus: Das europäische Airbus-Programm ist für zahlreiche mittelständische Unternehmen Deutschlands – unabhängig von allen Auseinandersetzungen darüber, wann diese bedeutendste europäische Industrie-Kooperation wirklich handfeste Schwarze Zahlen schreiben kann – längst unersetzlich und für manche Firmen sogar eine Goldgrube geworden. Für das High-Tech-Produkt der europäischen Flugzeug- und Triebwerksbauer sind allein in der Bundesrepublik 4817 kleine und mittlere Unternehmen mit bis zu 600 Beschäftigten tätig. Vielfach ist der Airbus sogar – nach Ertrag und Umsatz –

Ein Beispiel von vielen: Das schwäbische Unternehmen Recaro sorgt für die Bestuhlung. Fast 5000 kleine und mittlere deutsche Firmen arbeiten für den Airbus

der größte und wichtigste Träger dieser Klein- und Mittelbetriebe. Und im gleichen Maße, wie die Airbus Industrie bis weit in die zweite Hälfte der 90er Jahre ausgelastet ist, sind auch die Arbeitsplätze in diesen Firmen gesichert. Bemerkenswert ist, daß bei der Zulieferer-Industrie deutsche Betriebe deutlich dominieren, obwohl in der Bundesrepublik summa summarum »nur« rund ein Drittel vom Airbus gefertigt wird und Frankreich nach wie vor im Konsortium eine technologische Führungsposition einnimmt. Doch die Bundesrepublik Deutschland hat an dem Volumen der Lieferländer von derzeit insgesamt 1,2 Milliarden Mark für die gegenwärtig in der Produktion befindlichen Flugzeuge den hohen Anteil von 922,2 Millionen Mark. Frankreich und Großbritannien folgen mit 142 und 141 Millionen Mark; deutlich niedriger sind die Anteile der Schweiz (17 Millionen), die überhaupt nicht dem Airbus-Konsortium angeschlossen ist, aber mehrere Zulieferer-Firmen hat, Belgiens (10,0) und der Niederlande mit 7,0 Millionen Mark. Von den 4817 Zulieferern in der Bundesrepublik mit einem jährlichen Bestellvolumen von 613 Millionen Mark stammen – mit einer gewissen Logik – die meisten aus Hamburg: 831 Betriebe mit einem Bestellwert von 120 Millionen Mark. Nordrhein-Westfalen folgt mit 785 Firmen mit 75,8 Millionen Mark, Niedersachsen mit 728 (99,4), Bremen mit 629 (76,0), Baden-Württemberg mit 608 (10,3), Bayern mit 435 (39,8) und Hessen mit 403 und mit dem höchsten Bestellwert von 155,4 Millionen Mark. Die anderen Bundesländer stehen da zwangsläufig ein wenig zurück: Schleswig-Holstein mit 256 Betrieben (26,8 Millionen Mark), Saarland mit 20 (2,9), Rheinland-Pfalz mit 60 (5,0) und Berlin mit 62 Firmen und einem Bestellwert von 1,6 Millionen Mark. Der Katalog dieser Firmen reicht von hochwertigsten technologieorientierten Produkten über nichttechnische, allgemein verwendbare Materialien wie etwa Hilfs- und Betriebsstoffe bis zu Toiletten, Bordküchen und Gepäckablagen, die vor allem drei Kriterien zu erfüllen haben: Sie müssen leicht sein, dürfen nur schwer oder am besten überhaupt nicht entzündbar sein und, wenn's doch mal brennen sollte, keine giftigen Dämpfe entwickeln.

Diese bemerkenswerten Zahlen werden sich beim Hochlauf der Airbus-Produktion in den 90er Jahren noch deutlich steigern. Das gilt im besonderen Maße für die Endmontage des Airbus A 321, die selbstredend neue Zulieferer anziehen wird. Allein für das neue Mittelstreckenflugzeug Airbus A 330 und den vierstrahligen Langstreckenjet Airbus A 340 – beide werden erst 1991 bzw. 1992 fliegen – liegen schon jetzt, national und international, Unteraufträge im Wert von rund zwei Milliarden Mark vor, von denen ein erheblicher Anteil wieder deutschen Betrieben zufließen wird. Die Zulieferer-Firmen profitieren gleichzeitig davon, daß sie verstärkt qualifiziertes Personal ausbilden und auch dauerhaft beschäftigen können. Obendrein gewinnt diese weitgehend technologisch orientierte mittelständische Industrie im Umfeld der Airbus-Werke kontinuierlich an Bedeutung und garantiert hochwertige Arbeitsplätze. Welche Bedeutung die »Deutsche Airbus« im Einzugsbereich ihrer Standorte gewonnen hat, illustrieren zwei drastische Beispiele: Bei den sechs norddeutschen Airbus-Werken ist der Umfang an Bestellungen beispielsweise von 1987 bis 1988 um 33 Prozent auf 1,4 Milliarden Mark gestiegen. Die Zahl der Lieferanten stieg im gleichen Zeitraum von 5510 auf 5931 europaweit an. Mit anderen Worten: Die »Kleinen« profitieren – mehr denn je – vom »Großen«. Und dazu gehört auch der »Kleine Airbus« A 320.

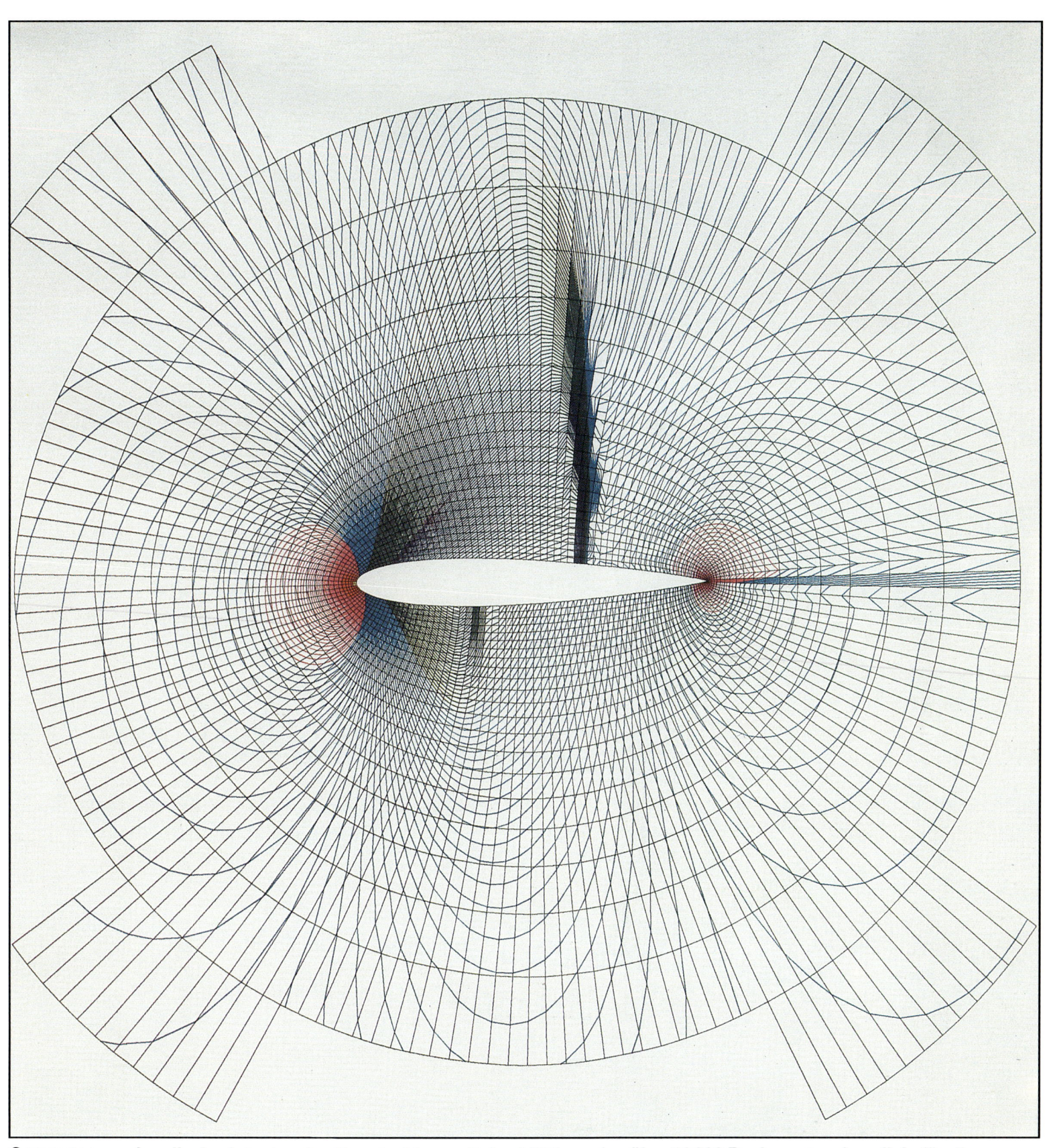
Computer wurden die Assistenten der Konstrukteure: Beim A 320 wurden über 12 000 Rechnerstunden allein für die Aerodynamik benötigt

Richtungsweisend für den Flugzeugbau wurde die Fertigung der gewaltigen Seitenleitwerke aus modernen Kunststoffen im niedersächsischen Airbus-Werk Stade

Die Rumpfsektionen des »Kleinen Airbus« werden in Hamburg montiert und ausgerüstet

Investition für die Zukunft: Das Hamburger Werk der Deutschen Airbus

Super Guppy Nr. 4 »schluckt« einen Airbus-Rumpf in Hamburg

Vier Super Guppies sind ständig im Einsatz

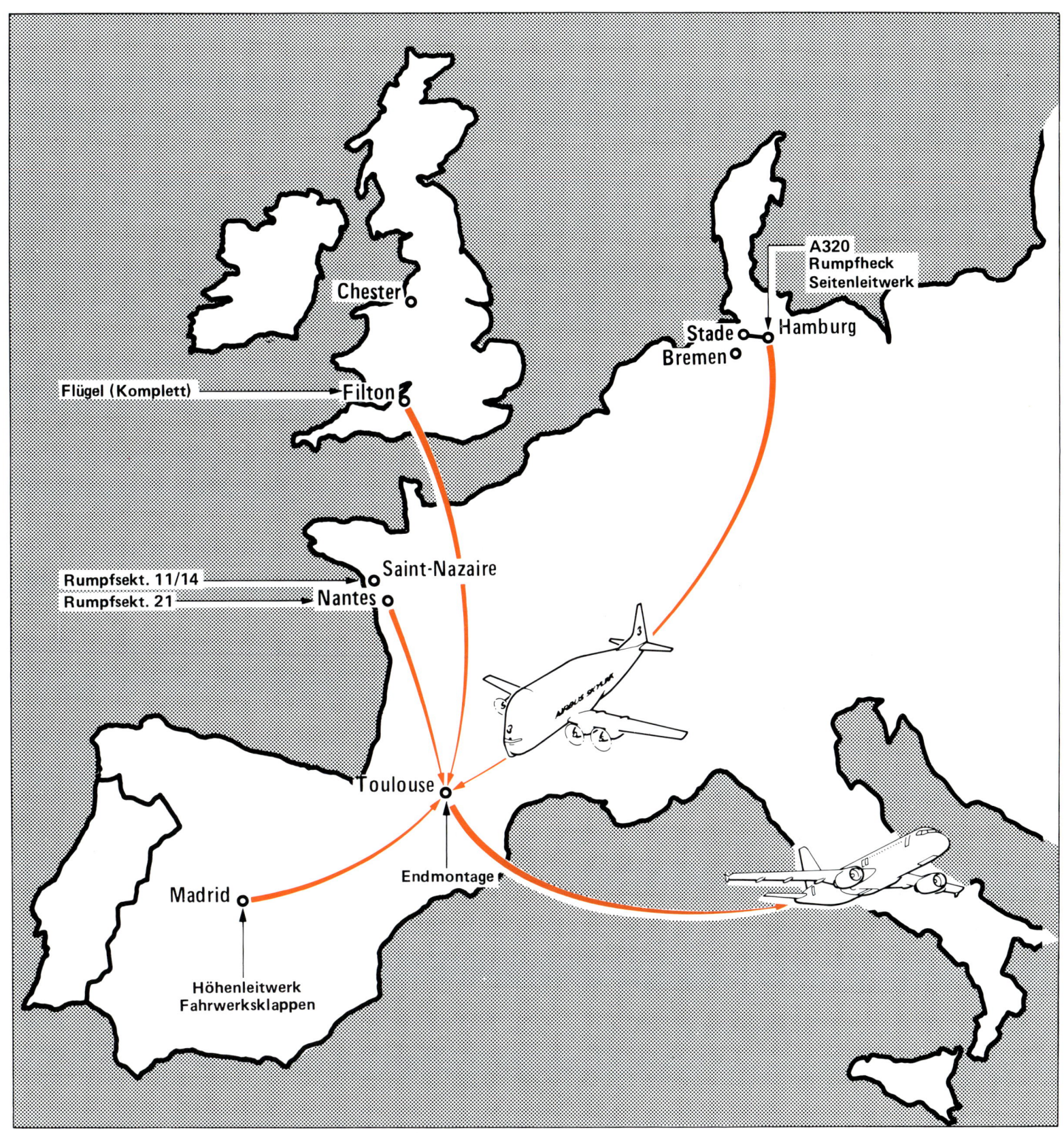

Die europäischen Transportwege im Airbus-Puzzle

Entladung eines »Fliegenden Rucksacks«: Ein Cockpit kommt in Toulouse an

Die Endmontage in Toulouse: Airbusse werden am Fließband flügge

Schönheit ist teuer: In Toulouse werden die neuen Jets vor der Auslieferung lackiert

Fliegerjargon: Die »Tränke« in Toulouse – hier werden die Flugzeuge an die Airlines übergeben

Rund 50 000 Menschen arbeiten in Europa am Airbus

26. Juni 1988, 14:45:41 Uhr

26. Juni 1988, 14:33:43 Uhr, Airbus A 320 F-GFKC in 2000 Fuß Höhe, Kurs Mülhausen.
Flugkapitän Michel Asseline, Jahrgang 1944, ein Mann mit annähernd 10500 Flugstunden, unfallfrei in 19 Fliegerjahren, erprobt und bewährt als Chef der neuen A 320-Flotte der Air France, begrüßt 130 Passagiere: »Meine Damen und Herren, Hallo und willkommen an Bord unseres Airbus 320 Nr. 3 aus der Air France-Serie, der erst seit zwei Tagen im Einsatz ist. Wir beginnen in Kürze unseren kleinen Rundflug beim Flieger-Club in Habsheim. Dort wollen wir mit zwei Überflügen die Qualität der französischen Luftfahrt demonstrieren und dann, wenn es die Wetter- und Verkehrsverhältnisse erlauben, zum Mont Blanc fliegen. Ich wünsche Ihnen einen sehr angenehmen Flug.« Applaus. 130 Gäste des elsässischen Flieger-Clubs Mülhausen freuen sich auf einen schönen Nachmittag über dem Elsaß, den Vogesen und den Alpen. An Bord: 130 geladene Gäste, vier Flugbegleiter, Chefpilot Michel Asseline und Flugkapitän Pierre Mazieres, Jahrgang 1943, mit fast 10900 Flugstunden registriert und in 19 Fliegerjahren genauso unfallfrei rund um die Welt geflogen wie Michel Asseline. Die vier Flugbegleiter gehören zur Hautevolee der Air France. Summa summarum bringen sie es auf 27000 Flugstunden. Chantal de Chalonge, 6784 Flugstunden, und Bruno Pichot, 8223 Flugstunden – beide sind Jahrgang 1951 – sind schon einmal durch die Hölle gegangen. Chantal de Chalonge war dabei, als ein Air France-Airbus A 300 in Brindisi entführt wurde. Bruno Pichot bewährte sich bei der Rettung der Passagiere des Air France-Jumbos, der 1975 im indischen Bombay total ausbrannte.
Die Crew ließ nichts zu wünschen übrig. Erfahren, bewährt. Und doch bleibt ein Rest Unwägbarkeit, eine Portion Selbstsicherheit bei Michel Asseline, die an Arroganz grenzt. Ein Flugkapitän, dessen können erwiesen ist, der aber auch selten Widerspruch duldet. Ein Mann, der – manchmal – zwischen Himmel und Erde den festen Boden nicht mehr sieht, der alle trägt, der Macht mit Verantwortung verwechselt, wo er doch nicht an den Schalthebeln der Macht sitzt. Sondern lediglich den Sidestick bedient. Mit Bravour. Vielleicht zu bravourös. Wie viele hervorragende Piloten, die wissen, daß Souveränität verführt. Und sich doch, selten genug kommt's vor, gern verführen lassen.

Die letzten Minuten...

Uhrzeit	Bord-Konversation	Funkverkehr	Geräusche Warnungen
14:35:42	Asseline: Alles im Blick. Glücklich, oder etwa nicht? Mazieres: Was meinst du? Asseline: Super-effizient. Siehst Du's, gute Arbeit. Mazieres: Alles bestens, alles zu seiner Zeit! Auch der Tod kommt zu seiner Zeit!		
14:36:14		Tower: 296 Q, warte vor Runway 16, wir haben noch einen IFR-Anflug, können Sie direkt nach Habsheim in niedrigerer Höhe?	
14:36:21	Asseline: Gut! Mazieres: Gut!	Okay, 296 Q wir warten	
14:38:15	Asseline: Weißt Du noch die Minimalhöhe über einer Autobahn? Eh? Eh! Herr Mazieres, Was ist die Minimalhöhe über einer Autobahn? 300 Meter!		

Uhrzeit	Bord-Konversation	Funkverkehr	Geräusche Warnungen
14:42:00			Konfigurations-Warnung – Gong
14:42:03	Asseline: Das ist das Fahrwerk, das ist nicht wichtig, kill it		
14:42:12			Zweite Konfigurations-Warnung – Gong
14:42:27	Asseline: Oh! kill it, das geht mir wirklich auf den Docht, das Ding		
14:42:54	Gut, mir kommt's vor, als könnten wir den Platz sehen Mazieres: Du bist in 8 nautischen Meilen dort; Du wirst ihn bald sehen, da ist eine Autobahn		
14:42:57	Asseline: Wir werden die Autobahn nach links verlassen, das werden wird … es ist li … nein, rechts von der Autobahn Mazieres: Es ist etwas rechts von der Autobahn, wir verlassen die Autobahn auf der linken Seite		
14:43:07	Asseline: Okay, so bald wir's erkennen, entscheiden wir sehr schnell		
14:43:36		Mazieres: Wir sind praktisch in Sichtweite Tower: Roger ACF 296 Sie können Habsheim auf 125.25 erreichen. Auf Wiedersehen	
14:44:01		Mazieres: Ah! Habsheim Air Charter 296 Q, Halloh	
	Asseline: Da ist der Platz. Da ist er … Du hast ihn, ja?		
14:44:05	Asseline: Was?	Tower: 296 Q Halloh Asseline: Wir kommen zum Überflug, sind in Sichtweite des Platzes	
14:44:13		Tower: Wir sehen Sie, alles in Ordnung, der Himmel ist frei	
14:44:15	Asseline: Fahrwerk 'raus		
14:44:17		Mazieres: Okay, wir beginnen mit dem langsamen Überflug in niedriger Höhe	
14:44:22		Tower: Roger	
14:44:23	Asseline: Klappen 2		
14:44:34	Mazieres: Fahrwerk ist 'raus, Klappen 2!		
14:44:42	Asseline: Klappen 3		
14:44:45	Mazieres: Klappen 3! Asseline: Da ist der Platz, einverstanden?		
14:44:48	Mazieres: Bestätigt		
14:44:51	Mazieres: Du siehst LL 01 Wenn wir dort fliegen, sind wir in einer nautischen Meile da, dann ist's richtig		
14:44:55	Mazieres: Okay!		Gong! »Zu niedrig!«
14:45:04			Gong!
14:45:05		(Automatische Warnung vom Radio Höhenmesser)	»Zweihundert!«
14:45:11			»Zweihundert!«

Uhrzeit	Bord-Konversation	Funkverkehr	Geräusche Warnungen
14:45:14	Mazieres: Okay, Du bist dort bei 100 Fuß, paß auf, paß auf		
14:45:15			»Einhundert!«
14:45:19			»Vierzig!«
14:45:23			»Fünfzig!«
14:45:26	Asseline: Okay, ich bin schon richtig; schalt den Autothrottle ab		
14:45:27			»Vierzig!«
14:45:32	Mazieres: Paß auf die Hochspannungsmasten vor uns auf, eh, siehsts Du sie?		
14:45:33	Asseline: Ja, ja, mach Dir nichts draus (»Yeah, Yeah, don't worry«)		
14:45:35			»Dreißig!«
14:45:36			»Dreißig!«
14:45:38			»Dreißig!«
14:45:39	Mazieres: Verlaß den Kurs!		Die Triebwerke erhöhen die Geschwindigkeit Geräusche vom Aufschlag auf die Bäume dringen in Cockpit
14:45:39	Asseline: Sch…!		
14:45:41	Ende der Tonbandaufzeichnung		

(Die Tonbandaufzeichnungen wurden in ihren wesentlichen Teilen wiedergegeben; unter Verzicht auf unwichtige Gespräche zu Beginn des im amtlichen Unfallbericht komplett abgedruckten Tonbandinhaltes)

Die Bilanz: Drei Passagiere kommen in den Flammen um: Ein behinderter Junge, der auf Platz 4F saß, stirbt in seinem Sitz. Ein Mädchen auf Platz 8C, das seinen jüngeren Bruder begleitete, kann seine Sitzgurte nicht öffnen. Eine Frau vom Platz 10R wird am Ausgang der vorderen Türen neben dem Mädchen gefunden; es wird vermutet, daß sie dem Kind helfen wollte und dabei ein Opfer des Rauchs wurde. 34 Passagiere und zwei Crew-Mitglieder werden verletzt: Michel Asseline und Pierre Mazieres. 93 Passagiere und die übrigen vier Crew-Angehörigen bleiben unverletzt. Der im Wald von Habsheim aufgeschlagene Airbus A 320 F-GFKC wird total zerstört: Was nicht schon beim Crash in den Räumen kaputt war, verbrennt. Nur ein Gerippe bleibt übrig.

Verantwortungslos gehandelt

24 Stunden nach dem Unfall im Wald von Habsheim meldet sich die französische Pilotengewerkschaft SPAC zu Wort, nimmt ihre Kollegen in Schutz und erklärt, dieser Unfall sei – mutmaßlich – auf einen Computer-Fehler zurückzuführen. Die – sehr voreilige – Folgerung der SPAC: Wahrscheinlich kein Pilotenversagen. Und A 320-Pilot Virgin Scatolin behauptet – ganz im Sinne der Pilotengewerkschaft – dieser Unfall hätte sicherlich vermieden werden können, wenn ein Flugingenieur an Bord gewesen wäre. Der uralte Streit um den »dritten Mann« an Bord, in Frankreich seit vielen Jahren ein Streit- und Streik-Thema zwischen Fluggesellschaften und Fliegern – lebt vor dem Hintergrund der Katastrophe im Elsaß, deren Opfer noch nicht begraben sind, wieder auf. Horst Gehlen, der Sprecher der deutschen Piloten-Vereinigung »Cockpit«, ein erfahrener Condor-Kapitän, haut in die gleiche Kerbe: »Ich kann mir nicht vorstellen, daß das ein Pilotenfehler war.« Solidarität im Cockpit. Die Industrie steht am Pranger. Und in der Straßburger Zeitung »Dernieres Nouvelles d'Alsace« erklärt Michel Asseline, vermutlich habe ein falsch eingestellter Höhenmesser den Absturz verursacht. Die tatsächliche und die vom Gerät angegebene Flughöhe habe um rund 80 Fuß differiert. Außerdem habe er vor dem Flug keine ausreichenden Informationen über die Beschaffenheit des Geländes erhalten. Der Wald war im buchstäblichen Sinne eine unbekannte Größe.

Nichtsdestotrotz: Die Air France zieht ihre Konsequenzen: Michel Asseline und Pierre Mazieres werden vom Dienst suspendiert. Air-France-Flugzeuge dürfen nicht mehr an Flugschauen teilnehmen. Alle Sonderflüge – immerhin etwa zehn pro Tag – müssen ab 1. August von der Generaldirektion in Paris abgesegnet werden. Und die Staatsanwaltschaft hat inzwischen ein Ermittlungsverfahren wegen fahrlässiger Tötung gegen Unbekannt eingeleitet.

Gleichzeitig erklärt Daniel Tenenbaum, der Generaldirektor der französischen Zivilluftfahrt: »Dieser Airbus, das steht fest, ist zu langsam und zu tief geflogen. Als der Pilot Gas gab, hat der Antrieb normal funktioniert, aber er war zu tief und der Wald war zu nah.« Doch nach wie vor steht Aussage gegen Aussage: Das Flugzeug sei in einer Höhe von nur zehn Metern und damit viel zu tief geflogen. Unerlaubt tief. Die Instrumente hätten 30 Meter Flughöhe angezeigt, verteidigen sich die Piloten.

Am 29. November 1989 liegt der endgültige Abschlußbericht der amtlichen Untersuchungskommission vor. Der Final Report ist 130 Seiten stark einschließlich des Tonbandprotokolls der letzten 19 Minuten des Fluges ACF 296 Q. Der Final Report ist ein mitleidloses Protokoll: Der Absturz des Airbus A 320 am 26. Juni 1988 im Wald von Habsheim ist auf bodenlosen Leichtsinn, schreckliche Mißachtung aller gültigen und der Sicherheit dienenden Vorschriften und auch auf charakterliches Versagen zurückzuführen. Die renommierte französische Zeitung »Le Figaro« bringt es auf den Nenner: »Der Bordkommandant wollte zugleich über die Grenzen seiner Fähigkeiten und der Fähigkeiten der Maschine hinausgehen.« Mit 130 Passagieren an Bord. Einige der Gäste dieses Rundfluges hatten ihre Tikkets in einer Lotterie gewonnen. Ihr Flug wurde zum Lotteriespiel über Leben und Tod. Und auch ein paar Journalisten flogen mit; sie sollten sich einmal direkt von den Qualitäten des »Kleinen Airbus« überzeugen. Was Air France versprochen hatte, wollte Michel Asseline einlösen. Auf seine, auf verbotene Art. Der Katalog der Fehler und Verstöße des Fluges ACF 296 Q ist eine Summe menschlicher Fehlleistungen, die nur deshalb nicht zu einer unvorstellbaren Tragödie geführt haben, weil das Flugzeug besser war als seine erfahrenen Piloten: Bei jedem anderen herkömmlichen Jet hätte in dem Moment, als der Kapitän in höchster Not den Steuerknüppel zurückriß, ein Strömungsabriß zum sofortigen Absturz geführt; der Airbus wäre noch vor Erreichen des Waldes zerschellt. Und mutmaßlich hätten dann nach aller Erfahrung nur wenige Insassen überlebt. Wenn überhaupt. Doch dieser Airbus »korrigierte« die Entscheidung des Piloten, flog noch sekundenlang horizontal weiter und vergrößerte den Anstellwinkel erst Sekundenbruchteile später, so daß es zu der berühmt-berüchtigten telegenen »weichen Bauchlandung« in den Bäumen von Habsheim gekommen ist.

Die Computer des Jets reagieren selektiv – richtig. Der Kapitän hatte instinktiv gehandelt – falsch. Die Erfahrung von über 10 000 Flugstunden reichte nicht aus, um erst verantwortungsbewußt zu handeln und dann richtig zu entscheiden. Die Bord-Computer waren, entgegen allen trotzigen Unkenrufen der Pilotenverbände, klüger – und auch schneller. Es war, auch das steht fest, eine große Portion Glück im schrecklichen Unglück dabei. Den drei Toten von Habsheim nutzt diese Erkenntnis nichts mehr.

Michel Asselines schnell vergessenes Lob

Das Protokoll des Unfalls ist mitleidlos. Das Protokoll weist den Piloten mit pedantischer Genauigkeit die Schuld an dem tragischen Unglück im Elsaß zu, das – im Gegensatz zu vielen anderen Luftfahrtkatastrophen – aufgeklärt werden konnte und das kein unabwendbares Schicksal war. Es war ein Unfall – von Menschenhand gemacht. Der Airbus A 320 mit der Flug-Nummer 296 Q flog in einer unzulässigen Höhe – besser gesagt Tiefe – an der unteren Grenze der zulässigen Geschwindigkeit mit ausgefahrenem Fahrwerk und ausgefahrenen Landeklappen. Entsprechend dieser charakteristischen Landekonfiguration war auch der Anstellwinkel des Twinjets: Der Bug, die Nase, war steil aufgerichtet, der Schwanz fiel tief nach hinten ab – und »landete« zuerst in den Bäumen, was übrigens zur trotz aller unglücklichen Umstände noch relativ »weichen Landung« beitrug. Beide Piloten verteidigten sich später mit dem Argument, sie seien nie unter eine Höhe von 50 Metern gegangen und im übrigen hatten die Triebwerke nicht sofort gehorcht, als sie wieder Gas gegeben hätten.

Richtig ist: Die vorgeschriebene Mindestgeschwindigkeit beim simulierten Landeanflug liegt bei 263 Stundenkilometern – Michel Asseline und Pierre Mazieres ließen die Geschwindigkeit sogar auf 120 Knoten (213 Stundenkilometer) absinken. Sie mißachteten auch die Bestimmung, bei Schauflügen und Flugvorführungen nicht unter 100 Meter zu gehen. Und obendrein nahmen sie zu ihrer Schau Passagiere mit, was sowieso strikt verboten ist. Zu allem Überfluß dürfen bei Demonstrationsflügen die Treibstofftanks nur halb voll sein – der Airbus A 320 von Habsheim hatte acht Tonnen Kerosin mehr getankt als erlaubt.

Die schlimmsten Vorwürfe im amtlichen Untersuchungsprotokoll aber gehen direkt an die Adresse der beiden französischen Flugkapitäne: Sie mißachteten sträflichst alle akustischen Warnungen des Systems, die unaufhörlich und immer dringender ertönten. Das ergab – für jedermann hörbar und auch nachzulesen – die Auswertung des Voicerecorders. Vor diesem Hintergrund muß auch die Erklärung der doch so erfahrenen Piloten-Crew, die Triebwerke hätten nicht sofort für den notwendigen rettenden Schub gesorgt, Kopfschütteln auslösen: Als Michel Asseline – endlich und doch viel zu spät – wieder

Michel Asseline, der Unglückspilot

Gas gab, brauchte der zweistrahlige Jet exakt sieben Sekunden oder 450 Meter, um die erwünschte volle Leistung zu bringen – bis zu den ersten Bäumen waren es gerade drei Sekunden Luftweg. Dabei steht's in den Betriebshandbüchern für den Airbus A 320 schwarz auf weiß, daß die Triebwerke acht Sekunden benötigen, um wieder die volle Schubkraft zu erreichen. Und das ist jedem Piloten und jedem Flugingenieur bekannt – das ist bei allen Strahltriebwerken so.

So bleibt die Erkenntnis von Habsheim: Michel Asseline und Pierre Mazieres haben unter Verstoß gegen alle Vorschriften der zivilen Luftfahrt den Jet bis auf eine Höhe von unter 100 Fuß heruntergebracht, dann die Mindesthöhen-

Frankfurter Allgemeine
ZEITUNG FÜR DEUTSCHLAND

»Boß, die Kiste geht nach unten«

Nach dem Absturz eines Airbus A 320 in Bangalore / Untersuchungsbericht noch nicht abgeschlossen / »Hastige Einführung« / Von Erhard Haubold

NEU DELHI, 30. März. »Pilotenfehler«, sagen »dem Airbus-Konsortium nahestehende Kreise« in Europa. »Motorschaden«, entgegnen »leitende Angehörige« des indischen Luftfahrtministeriums, deren Namen ebenfalls nicht genannt werden. So geht es hin und her seit dem Absturz eines nagelneuen Airbus A 320 der »Indian Airlines« in Bangalore am 14. Februar, bei dem 93 Menschen ums Leben kamen. Redet man in Neu-Delhi von einem »Alptraum in moderner Technik«, so sollen in Toulouse manche die Lieferung des hochautomatisierten Flugzeugs an das Entwicklungsland Indien mit der eines »Mercedes-Benz an einen Kameltreiber« verglichen haben. Beide Seiten schlagen zuweilen hart zu in einem Streit, bei dem es ebenso um den guten Namen von Airbus geht wie um den Ruf der »Indian Airlines«, die in den vergangenen Jahren häufiger mit schweren Unglücken von sich reden machte. Sechs Wochen nach dem Absturz ist der amtliche Untersuchungsbericht noch immer nicht abgeschlossen, bleiben die 14 Maschinen der indischen A 320-Flotte auf dem Boden – eine Maßnahme, die ausländische Fachleute als ebenso ungewöhnlich bezeichnen wie die Entscheidung der indischen Behörden, die Auswertung von Flugschreiber (Digital Flight Data Recorder) und Tonbändern der »Black Box« (Cockpit Voice Recorder) nicht, wie international üblich, gemeinsam mit dem Hersteller vorzunehmen. Statt zum Airbus-Konsortium nach Frankreich sind die Geräte nach Kanada gesandt worden, aus »Gründen der Vorsicht«, so Luftfahrtminister Arif Mohammad Khan. Ein Telegramm des französischen Unglückspiloten, der vor zwei Jahren bei einer Flugschau in Mülhausen den Absturz eines A 320 verschuldete und vor einer Auswertung der Geräte in Frankreich warnte, soll der Minister erst später erhalten haben.

»Boß, die Kiste geht nach unten, sie sinkt immer noch«, so werden die letzten Worte des Kopiloten vor dem Absturz in Bangalore wiedergegeben. Der Kapitän habe durchzustarten versucht, aber die Triebwerke hätten nicht rasch genug reagiert, heißt es in Indien. In Toulouse dagegen sagt man, daß der Flugzeugführer seinem zweiten Mann Unterricht erteilt und sich zuwenig auf das Landemanöver konzentriert habe. Alle Airbus-Piloten

Automatik abgeschaltet, womit das Flugzeug nicht mehr automatisch beschleunigen konnte, als die Mindestgeschwindigkeit unterschritten war, und den Jet mit ganzen fünf Prozent seiner maximalen Schubkraft in den Wald von Habsheim geflogen. Mit 130 Gästen an Bord. Michel Asseline, in der Branche ohnehin ein wenig als »Rambo-Typ« bekannt, hatte noch am 30. Mai 1988 gegenüber dem Privatsender »Radio Hamburg« erklärt: »Ich bin sehr stolz, diese Maschine zu fliegen, und ich muß sagen, wir haben mehr Sicherheit durch das System, das Fliegen durch Computer.« Er definierte sein Lob über den Airbus detailliert: »Bei normalem Flug mehr Präzision, bei Landung Vollschutz gegen Geschwindigkeitsverlust. Mehr Präzision durch den Navigations-Computer im Vertikal- und Horizontalflug. Das macht den Flug schneller und spart Geld. Und mehr Wissen über den Zustand des Flugzeuges durch die Wartungscomputer.« Und also folgerte Michel Asseline: »Am liebsten fliege ich Airbus 320, sicher.« Das war exakt vier Wochen vor seinem verhängnisvollen Flug ins Chaos, der weltweit für Schlagzeilen sorgte, über die Bildschirme in aller Welt flimmerte – und drei Menschen das Leben kostete. Ein Flug, der Luftfahrt-Geschichte und die Piloten zu Out-Laws machte. Das Verblüffende aber bleibt – trotz aller Tragik dieses Fluges 296 Q: Der Airbus A 320 bewährte sich selbst angesichts der Katastrophe. Nicht die Maschine hatte versagt, sondern der Mensch. Nicht einmal das komplizierte Verhältnis Mensch-Maschine, bei dem selbst Piloten oft überfordert werden, durfte zum Schuldigen von Habsheim erklärt werden.

seien nach dem Unglück bei der Flugschau in Frankreich nochmals darüber informiert worden, daß Strahltriebwerke eine Reaktionszeit von sieben bis acht Sekunden hätten, bis sie ihre volle Leistung bringen könnten. Die Mitglieder der indischen Piloten-Vereinigung weigern sich bis auf weiteres, den A 320 zu fliegen, der ihnen mehr Sorgen mit einer Reihe technischer Pannen als die versprochene Erleichterung der Arbeit im Cockpit gebracht habe. Die Piloten hätten nichts gegen den Airbus, wohl aber einiges gegen ihre als unzureichend empfundene Umschulung, sagt Ajit Gopal, der langjährige, inzwischen im Ruhestand lebende Public-Relations-Manager von Indian Airlines. Das lange Flugverbot für den Airbus A 320 enthalte »politische Elemente« (Verdacht der Korruption bei der vorigen Regierung; wütende Proteste von Überlebenden und Angehörigen nach dem Unglück in Bangalore); es schade dem Ansehen der »größten indischen Fluggesellschaft«, es sei nicht fair gegenüber dem Airbus-Konsortium, dessen internationales Geschäft »erheblich leiden« werde. Nach dem Absturz einer Boeing 737 in Ahmedabad im Herbst 1988 (134 Tote) habe nicht ein einziges Modell dieses Herstellers Flugverbot erhalten.

»Rundum falsch behandelt«

Ausländische Unternehmer würden künftig genauer überlegen, welche ihrer Produkte sie nach Indien liefern wollten, meinen andere Beobachter. Auch das Ansehen von »Dornier« und »Westland« in Asien habe durch Abstürze in Indien gelitten. Andererseits sei zu fragen, ob man bei Airbus nicht nur auf das Marketing (der indische Auftrag umfaßt 31 Maschinen vom Typ A 320), sondern auch auf die Voraussetzungen für Pilotenschulung und Wartung, auf die technischen Einrichtungen der Flughäfen geachtet habe.

Ein »High-Tech-Flugzeug« wie der A 320 brauche hervorragende Piloten und eine moderne Infrastruktur, sagt ein Kapitän einer westlichen Linie. Er und seine Kollegen flögen den Airbus »mit Begeisterung«, in Indien aber sei er »rundum falsch behandelt« worden. Das nach dem Absturz bei Bangalore eingesetzte »Ramdas-Komitee« sprich von einer »hastigen Einführung« der neuen Maschine, von nicht ausreichenden Installationen am Boden. Der Auftrag für den A 320 sei Anfang 1986 unterschrieben worden, doch mit der Ausbildung der Ingenieure habe man erst im Februar 1989 begonnen, mit der der Piloten einen Monat später – für eine Maschine, die schon im Juni 1989 ankommen sollte, berichtet die »Times of India«. Indian Airlines habe sich auf den »Technik-Sprung« nicht vorbereitet, schreibt der »Statesman«; fünf Jahre nach Auftragserteilung »gibt es nicht einen einzigen Hangar für die neue Maschine. Das ist der Grund dafür, daß Staub und Schmutz, die Feinde eines jeden Computers, sich in das System schleichen«.

Die »Hindustan Times« beklagt »schockierende Zustände bei der Mehrzahl unserer Flughäfen«, von denen keiner, so sagen westliche Piloten, über zuverlässige Anlagen verfüge, die jederzeit einen Instrumenten-Anflug erlaubten. In kürzester Zeit – beinahe 20 Maschinen in 10 Monaten – sollte ein in Indien unbekanntes Modell flugbereit sein, noch dazu mit Triebwerken (V 2500), die neu im Markt eingeführt worden waren, auf denen Indian Airlines aber bestanden hätte (»Treibstoffersparnis«). Der A 320 sei eine gute Maschine, heißt es in »Business India«, aber »wir haben Flugzeug und Triebwerke vom Reißbrett gekauft«. Beide müssen überwiegend im Ausland repariert werden, weil Indien die dazu erforderlichen Einrichtungen nicht hat. »Die Reparatur eines Computers dauert einen Monat, weil er nach Frankreich geschickt werden muß« (»Business India«). In der Zwischenzeit werden aus der stehenden Maschine Teile aus- und in anderen Flugzeugen eingebaut, wird darüber nicht einmal Buch geführt, wie der »Statesman« schreibt. Noch immer gebe es keine mechanisierten, genau auf die Türen des A 320 passenden Gangways (»im Monsum spritzt Regenwasser in Kabinen und auf Computer«), würden die Cockpits mit »altmodischen Besen gereinigt, die nur den Staub auf die empfindlichen Kontrollgeräte verteilen«. Und es hapert an der Ausbildung der Piloten, von denen Indian Airlines nicht genug hat, um sie mehrere Wochen lang nach Toulouse zu schicken. In weniger als 40 Tagen seien sie durch die Umschulung gejagt worden, dabei sei eine Woche allein für Visa und andere Formalitäten verwendet worden, sagen Airbus-Kapitäne. »In vielen Fällen sind Sicherheitsvorschriften verletzt worden«, schreibt die Zeitschrift »India Today«. Angesichts der Personalknappheit verzichte Indian Airlines auf die vorgeschriebenen 100 Flugstunden als Kopilot. »Die Folge ist, daß A 320-Flüge von Kapitänen mit geringer Erfahrung kommandiert werden.«

Mit mehr als 30 000 Passagieren am Tag, die in 55 Flugzeugen befördert werden, mit Starts und Landungen auf rund 60 Flughäfen in einem Gebiet, das etwa der Größe Europas von Frankreich bis Moskau und Oslo bis Tunis entspricht, gehört Indian Airlines zu den größten Fluggesellschaften der Welt. Ist sie inzwischen eine der unsichersten? Das Luftfahrtministerium mißt die »Unfälle pro 100 000 Starts«, das schneidet die indische Linie gut ab, mit 0,12 gegenüber dem globalen Durchschnitt von 0,18. Aber viele Passagiere haben einen anderen Eindruck. So mancher Ausländer bevorzugt neuerdings die Bahn oder stellt sicher, daß er bei Tageslicht landet. Nicht nur die Abstürze – rund 30 in den vergangenen 30 Jahren mit rund 1450 Todesopfern – erregen Aufsehen, auch die vielen Beinahe-Katastrophen, die Bauch- und Bruchlandungen machen nachdenklich. Auch bei gerade in Dienst gestellten Maschinen sind die Kabinen oft schmutzig, gilt als Faustregel wie bei »Air India«, daß man die Toiletten eine Stunde nach dem Start besser nicht mehr aufsucht. Und während Ajit Gopal sagt, daß es an der Wartung der Flugzeuge nichts auszusetzen gebe, meinen westliche Piloten, »daß irgendwann der Schmutz auch in das Cockpit und in die Triebwerke dringt«. Immer seltener heben Maschinen der Indian Airlines pünktlich ab, Verspätungen von sechs Stunden und mehr sind beinahe schon »normal«, ebenso das Schwitzen in tropisch-heißen Kabinen vor dem Start, in denen wegen Strommangels die Klimaanlage nicht eingeschaltet wird. Manche Passagiere verbringen ganze Nächte auf einem Flughafen – ohne Auskunft, ohne warmes Essen. Und immer noch wird kaum protestiert.

Mit zu wenigen Maschinen fliegt die Gesellschaft zu viele Flughäfen an. Nirgendwo in der westlichen Welt werden Piloten und Flugzeuge so gefordert: jede Maschine ist 3000 Stunden im Jahr in der Luft, da blieben oft nur Minuten für eine »Wartung mit dem Strahl einer Taschenlampe«, klagen die Offiziere, die mit Starts und Landungen überfordert sind, die oft aus dem Bett gerissen werden (weil etwa ein Kollege nicht zum Dienst erscheint) und die noch dazu schlecht verdienen. Ein Airbus-Kapitän bekommt 30 000 bis 35 000 Rupien (3500 bis 4200 Mark) im Monat, in Saudi-Arabien oder in Malaysia kann er mit dem dreifachen rechnen. 60 Piloten kündigen in jedem Jahr, und noch mehr würden gehen, wenn

Indian Airlines: Eine Fluggesellschaft im Zwielicht

sie nicht durch Ausbildungskautionen und andere Verpflichtungen an Indian Airlines gebunden wären. Darüber hinaus hat die Gesellschaft in den vergangenen fünf Jahren 150 erfahrene Wartungsingenieure verloren. Sie hat 21 000 Angestellte »und käme mit der Hälfte zurecht« (Gopal), doch es fehlen Piloten und Techniker. Sie hat nicht genug Maschinen und Ersatzteile. Nur ein Drittel der Flughäfen verfügt über ausreichende Navigationshilfen. »Wir sind 50 Jahre hinter der westlichen Entwicklung zurück«, sagt ein leitender Mitarbeiter. Mag sein, daß Staub und Hitze den Airbus-Computern nichts anhaben können. Ein A 320 habe einen Testtag in der heißen Sonne von Addis Abeba ohne Folgen überstanden, heißt es bei Indian Airlines. Unbestritten aber ist, daß Geier, Falken, Raben und Tauben, die von heißen Luftströmen nach oben gezogen werden, schwere Schäden an Kabinen und Motoren verursachen, deren Reparatur vier Wochen dauern kann. In einem Jahr werden an die 500 »Vorfälle mit Vögeln« gemeldet. Piloten bezeichnen Steig- und Sinkflug in der Nähe der Flughäfen als »ernsthaftes Risiko« und berichten von »Schwärmen mit Tausenden von Geiern«.

Junge Kopiloten brauchen keine Erfahrungen mehr auf Turbo-Prop-Maschinen zu sammeln, bevor sie den zweiten Platz in einem Jet einnehmen. So kommt es, daß etwa neben dem Kapitän einer Boeing mit 4000 Stunden ein Kopilot mit nur 500 Stunden sitzt – zu unerfahren und zu ängstlich, um den »Boß« auf einen Fehler aufmerksam zu machen. Wartungs- und Reparaturarbeiten, die sie anforderten, erledigten die Ingenieure oft verspätet, klagen die Flugzeugführer. Als Entschuldigung werde die »Minimum Equipment List« (MEL) der Hersteller herangezogen, manche der Techniker (»eine andere Kaste«) gäben auch zu, daß sie »auf Druck von oben« für möglichst geringe Pausen beim Einsatz der Maschinen zu sorgen hätten. Obwohl die MEL eine Behebung von Fehlern 48 Stunden nach ihrer Entdeckung vorschreibe, sei ein A 320, so ein Pilot, noch vier Tage lang weitergeflogen, ohne Reparatur. Bei fast allen Unfällen habe mangelnde Zusammenarbeit im Cockpit eine Rolle gespielt, steht in dem Bericht eines Regierungskomitees. Nach einer Bauchlandung in Kalkutta stellte sich heraus, daß Kapitän und Kopilot so verfeindet waren, daß sie nicht miteinander sprachen – und auf das vorgeschriebene laute Vorlesen der Checklisten verzichtet hatten. »Nicht einmal ein Viertel meiner Kollegen hält sich an die Vorschriften«, hat ein Pilot dem Magazin »India Today« erzählt.

Indian Airlines gilt manchem als ein Beispiel dafür, wie eine einstmals angesehene Fluglinie, als Staatsgesellschaft geführt und politischen Einflüssen ausgesetzt, herunterkommen kann. Ajit Gopal nennt schlechte Piloten-Ausbildung, Mangel an Motivation und Korruption bei der Beförderung als die wichtigsten Ursachen der Malaise. Meist seien »Verbindungen« zu Ministern und Politikern entscheidender als fachliches Können. Die letzte gute Periode scheint Indian Airlines in der Amtszeit des Vorstandsvorsitzenden P. C. Lal, eines früheren Chefs der Luftwaffe, genossen zu haben. Als er sich dem Versuch der Einflußnahme durch Indira Gandhi und ihren Sohn Sanjay widersetzte, wurden Lals Büro und Wohnung von der Kriminalpolizei durchsucht. Danach trat der hohe Offizier zurück. Rajiv Gandhi, Premierminister Indiens bis Ende 1989 und seither Führer der Opposition, flog bis 1973, seinem Eintritt in die Politik, zweimotorige Turboprop-Maschinen des Typs HS 748. Dennoch wurde er, offenbar als Vertreter seiner Mutter, bei allen wichtigen Beschaffungen gehört, machten seine Freunde »Kometen-Karrieren«. Jung und unerfahren wie er, wurden sie dennoch Manager. Leiter der Ausbildung gar, wurden sie viermal so schnell wie andere befördert. Im »Sekretariat des Premierministers« hatte ein ehemaliger Kopilot, Satish Sharma, eine wichtige Position. Er führte den Terminkalender Rajiv Gandhis und intervenierte täglich bei der Staatsgesellschaft Indian Airlines. Ein Ingenieur wurde Generaldirektor, weil Rajivs Frau Sonia Gandhi es so wollte. Das hat beigetragen zu einem Zustand, der das jüngste Unglück bei Bangalore, so eine Zeitung, »einfach herausgefordert hat«. Die Einflußnahme des einfachen Piloten Rajiv Gandhi auf wichtige Entscheidungen bei Indian Airlines nährt einen immer häufiger auftauchenden Korruptionsverdacht, den inzwischen auch das indische Kriminalamt untersucht. Sind bei dem Kauf der A 320-Maschinen Schmiergelder bezahlt worden? Warum ist die über Jahre hinweg sorgfältig vorbereitete Entscheidung für die Boeing 757 nach der Wahl Rajiv Gandhis zum Regierungschef über Nacht zugunsten des Airbus umgestoßen worden, ohne Angabe überzeugender Gründe? So lauten die wichtigsten Fragen. Verglichen mit den »Unregelmäßigkeiten« im Airbus-Geschäft werde der Skandal um die schwedischen Bofors-Haubitzen, der im letzten Wahlkampf die große Rolle spielte, noch verblassen, hat ein Abgeordneter der Kongreßpartei vorausgesagt.

(Frankfurter Allgemeine, 31. März 1990)

Der Kranich zierte sich lange

Was in Frankreich – seit Jahr und Tag – usus ist, weil die Luftfahrt schon von Staats wegen einen deutlich höheren Stellenwert als in der Bundesrepublik hat und die Fliegerei im allgemeinen auf wesentlich weniger Ressentiments stößt als hierzulande, das geht in Deutschland selbst beim besten Willen nicht: Wenn die Airbus Industrie, in den Augen vieler Franzosen sowieso ein originäres Stück französischer Luftfahrt-Industrie, ruft, demonstriert die staatliche Air France Good will: Die französische Fluggesellschaft hat immer zu den Erstbestellern französischer Flugzeuge gehört. Das war bei der Concorde, die zum Bahnbrecher für neue Technologie, wirtschaftlich aber ein Flop wurde, nicht anders als bei dem zweistrahligen Kurzstrecken-Verkehrsflugzeug Mercure von Dassault, das nie aus den Roten Zahlen herausgekommen ist: Frankreichs Airlines haben immer Signale für französische Jets zu setzen versucht. Also auch bei allen Airbus-Varianten und -Mustern. Die deutschen Staatsflieger, die nur partiell Staatseigentum sind und oft nicht auf ihren Hauptaktionär hören, haben zwar beim »Flüsternden Riesen« A 310 und beim vierstrahligen Airbus A 340, der am 4. Oktober 1991 sein feierlich-aufwendiges »Roll-out« erlebte, die Rolle des Launching Customer gespielt. Beim Airbus A 320 aber standen die Kranich-Flieger lange im Abseits. Viel zu lange, wie in Toulouse gemault wurde.

Die Lufthansa-Ziele waren definiert: Wir brauchen so schnell wie möglich den Langstrecken-Airbus. Also wurde nichts unversucht gelassen, um die Airbus Industrie auf die Vorstellungen der Lufthanseaten einzuschwören: Erst die TA 11, wie die A 340 seinerzeit noch unverbindlich hieß, und vielleicht, wenn's denn überhaupt sein muß, auch die A 320. Denn nicht alle Lufthanseaten sahen in den frühen 80er Jahren einen großen Markt für den »Kleinen Airbus« am Horizont. Umgekehrt war es: In den Vorstandsetagen und Ingenieur-Büros der deutschen Fluggesellschaft war man felsenfest davon überzeugt, daß für die Airbus Industrie fast eine existentielle Notwendigkeit bestehe, so schnell wie möglich den Langstrecken-Jet zu entwickeln und zu bauen – und das war keineswegs nur selbstsüchtig gedacht. Das war Firmen-Philosophie im Hause Lufthansa. Felix Kracht, der erfolgreiche Programmdirektor der Airbus Industrie in Toulouse, hat das ganze Thema einmal auf den drastischen Nenner gebracht: »Airlines machen selten konsequente Politik. Die Finanzstrategen von Fluggesellschaften greifen doch nur deshalb auf ihre Statistiken zurück, weil sie glauben, aus Statistiken alles ablesen und alles neu definieren zu können. Nur: Mit Statistiken kann man keine schlafenden Märkte entdecken und gewinnen. Das klassische Beispiel haben die US-Airlines in den 70er Jahren geliefert, als sie auf ihrer alten These beharrten: Keine Fracht am Himmel Amerikas. Bis Federal Expreß kam und die Welt neu entdeckte.«

Auch ein Mann wie Rolf Stüssel, der als Leiter der Ingenieur-Direktion der Deutschen Lufthansa und als rechte Hand Reinhardt Abrahams seit fast zwei Jahrzehnten Einfluß auf die Entscheidungen der deutschen Fluggesellschaft über Typ und Zahl neuer Jets genommen hat, scheut sich heute nicht zu bekennen: »Wir haben damals den Airbus-Leuten dringendst geraten: ›Menschenskinder, macht doch jetzt den endgültigen, wichtigen Sprung auf die Langstrecke, den Ihr sowieso einmal wagen müßt. Jetzt macht das Sinn, denn unterhalb der Boeing-747 ist ein gewaltiger Markt für die Langstrecke entstanden. Und fangt bloß nicht schon wieder mit einem Flugzeug ganz von Null an‹. Natürlich«, so räumt Rolf Stüssel ein, »haben wir dabei auch eigene Interessen verfolgt. Das war unsere Meinung, die hat bis 1983 vorgeherrscht. Zumal wir natürlich wußten, wie schwer es für die Europäer als Newcomer werden mußte, mit einem ganz neuen Produkt gegen die erfolgreichen Derivative der Boeing-737 und von McDonnell Douglas im MD-80-Bereich anzustinken. In diesem Vorhaben lagen unglaubliche Risiken.«

Heute erklärt ein Mann wie Rolf Stüssel unumwunden: »Daß der Airbus A 320 inzwischen ein Riesenerfolg geworden ist, weiß jedermann. Darüber braucht man überhaupt nicht mehr zu diskutieren. Und hinterher sind natürlich alle viel klüger, auch wir. Trotzdem dürfen wir heute sagen: Beide Entscheidungen – erst die A 320 oder erst die A 340 – waren zum Zeitpunkt, als sie getroffen werden mußten, absolut gültig und auch mit Anstand vertretbar. Und letzten Endes muß der Unternehmer, der Hersteller, bestimmen, wo's längs geht. Er trägt schließlich auch das Risiko. Airbus Industrie hat die Prioritäten anders gesetzt, wir haben das respektieren müssen.«

Das protegierte Lieblingskind der Lufthansa: Der vierstrahlige Airbus A 340 sollte vor der A 320 fliegen

Richtig ist: Die Entscheidung von Toulouse war richtig.
Immerhin hatte selbst die Lufthansa schon am 7. Juli 1982 in einer grundsätzlichen Stellungnahme zur Modellpolitik der europäischen Airbus Industrie, in der sie noch einmal mit Nachdruck für den schnellstmöglichen Bau der TA 11 plädiert hatte, auch erklärt: »Dennoch obliegt im Ringen um die zeitliche Priorität die Entscheidung zwischen TA 11 und A 320 letztlich dem Herstellerkonsortium, das die Bewertung aller Chancen und Risiken nur den eigenen Kriterien unterwerfen kann.«
So ausführlich und sorgfältig sich die Lufthansa in dieser Stellungnahme für den Langstrecken-Jet stark machte – »Das Projekt TA 11 erfüllt weitgehend die von Lufthansa gestellten Anforderungen ... unter Berücksichtigung des Zeitablaufs sollte die TA 11 spätestens 1987 auf den Markt kommen« – so groß waren gleichzeitig die Bedenken gegen den Airbus A 320, auch wenn in einem wesentlichen Punkt bereits eine Wandlung erkennbar war: Keine grundsätzlichen Bedenken gegen ein neues 150sitziges Kurz- und Mittelstreckenverkehrsflugzeug mehr, das in den 90er Jahren benötigt wird, aber bitte nicht vor der TA 11. Und unmißverständlich wurden die eigenen Vorstellungen formuliert: »Die Lufthansa benötigt ein neues Kurz- und Mittelstreckenflugzeug mit 150 Sit-

zen ab 1988 bis 1990. Ein Großteil der B 727-Flotte überschreitet dann die Altersgrenze von 15 Jahren und bedarf der Ablösung durch ein Flugzeugmuster fortgeschrittener Technologie. Produktion und Einsatz des neuen Flugzeuges werden weit über das Jahr 2000 hinausreichen. Dieses Nachfolgemuster erfordert einen vergleichsweise hohen Entwicklungsaufwand für Zelle und Triebwerke, der sich zwangsläufig im Kaufpreis niederschlägt. Dem Nachweis überlegener Wirtschaftlichkeit gegenüber vorhandenen Flugzeugen und deren zukünftigen Varianten kommt daher große Bedeutung zu.« Die Bedenken und Einwände wurden gleich mitgeliefert:

Erhebliche Schwierigkeiten bei der Entwicklung und Bereitstellung optimaler Triebwerke neuester Technologie.

Angespannte Finanzlage bei Herstellern und Fluggesellschaften, die nur bei wirtschaftlich ausgereiften Produkten zur Bereitstellung notwendiger Investitionsmittel führt.

Preisberuhigung im Treibstoffmarkt gibt der A 320 noch keine Chance, die herkömmlichen B-727–200 und DC-9 vom Markt zu verdrängen.

Kostengünstige Weiterentwicklungen der Boeing-737 mit einem ausgezeichneten Preis-Leistungsverhältnis erschweren den Verkauf der neu zu entwickelnden A 320.

Doch trotz aller Einwände und Bedenken war im Grunde der Bann gebrochen: »Wir sind der Auffassung, daß die Entwicklung der A 320 weiter verfolgt werden sollte, bis der Markt für dieses Produkt wirklich reif ist. Mit Marktreife ist nicht nur die Gewinnung eines Minimums an Erstbestellungen, sondern die Aussicht auf nachhaltige Verkäuflichkeit aufgrund eines wirtschaftlich attraktiven, international wettbewerbsfähigen Produkts gemeint. Auch wenn Lufthansa nicht zu den ›Launching Customers‹ gehören sollte, hat sie sich trotzdem entschlossen, an der Spezifikation der A 320 mitzuarbeiten, um eigene Anforderungen rechtzeitig mit einzubringen. Gleiches gilt für die Boeing-Projekte.« Das war, wie's ein Lufthanseat im Nachhinein sarkastisch formulierte, Zuckerbrot und Peitsche. Nach dem Motto: Nun arbeitet mal alle schön nach unseren Vorstellungen. Wir suchen uns dann schon das Beste aus. Ähnlich wie Lufthansa handelte übrigens auch Amerikas renommierte Delta Air Lines, brachte »eigene Anforderungen« mit Hilfe ihrer Ingenieure ein und war sogar lange Zeit willens, die Rolle eines Launching Customers zu übernehmen. Am Ende kam alles ganz anders: Delta gab der Airbus Industrie einen Korb, Lufthansa orderte. Doch der Kranich zierte sich lange. Das hatte viele Gründe. Der wichtigste: Die Lufthanseaten standen nicht unter Zeitdruck, wußten um die Qualität der angesichts der europäischen Drohung A 320 verbesserten Boeing-737–400 und der neuen Variationen der MDD-80-Klasse von McDonnell Douglas und konnten somit in Ruhe abwarten, was am besten und was am preisgünstigsten serviert wurde. Oder wie es in einem Lufthansa-Papier vom 10. Dezember 1984 unmißverständlich hieß: »Um den notwendigen zeitlichen Spielraum bei dieser wichtigen Entscheidung zum 150-Sitzer zu gewinnen, wurden Angebote für eine Zwischenlösung von MDD (MD 82) und Boeing (B 737–300) eingeholt. Diese bieten attraktive finanzwirtschaftliche Möglichkeiten und enthalten eine Rücknahmeverpflichtung, wenn ein moderneres und wirtschaftlicheres Flugzeug (z. B. A 320, MD 89, Propfan) auf den Markt kommt. Der Wettbewerb zwischen den Herstellern ist zum Vorteil von LH zu nutzen. Dies verlangt eine weiterhin sorgfältige Analyse auf dem Gebiet der Propfan-Technik und Zurückhaltung bei der Festlegung auf ein Produkt. Die Wettbewerbssituation zum 150-Sitzer und die unternehmerische Vorsicht gebieten, mit der Entscheidung für einen 150-Sitzer zunächst mindestens bis Mitte 1985 zu warten.«

So geschickt die Lufthansa operierte, die deutsche Fluggesellschaft selbst stand auch unter Druck. Martin Grüner, der Parlamentarische Staatssekretär beim Bundesminister für Wirtschaft, der Koordinator der deutschen Luft- und Raumfahrt, hatte den Lufthanseaten schon am 11. Oktober 1983 politische Daumenschrauben angesetzt: »Das Bundeskabinett hat am 4. 10. 1983 seine grundsätzliche Bereitschaft zur Förderung des Ausbaus der Airbus-Familie erneuert und beschlossen, die Vorphasenarbeiten der Industrie im 2. Halbjahr 1983 zu unterstützen, falls die DLH ihre Bereitschaft zum Kauf der A 320 mitteilt und wenn erneute Gespräche mit den im Airbus-Konsortium vertretenen europäischen Partnern zu einer aktualisierten Gesamteinschätzung der erweiterten Airbus-Familie, insbesondere der zu erwartenden Absatzchancen, geführt haben.«

Im Kölner Dom-Hotel besiegelten Lufthansa-Chef Heinz Ruhnau und Airbus-Boß Jean Pierson den A 321-Vertrag

Die Lufthanseaten waren perplex. Rolf Stüssel: »Im Grunde wurden wir wieder mal erpreßt. Uns wurde klar gemacht: Bonn fördert das Airbus-Programm weiterhin, wenn wir verbindlich erklären, den Airbus A 320 kaufen zu wollen. Damit hatten wir den ›Schwarzen Peter‹.« Doch als sich die beiden führenden Lufthanseaten, Heinz Ruhnau und Reinhardt Abraham, Staatssekretär Martin Grüner und zwei wichtige Ministeriale am 28. Oktober 1983 in Bonn trafen – auf Einladung von Martin Grüner – stellte der Parlamentarische Staatssekretär beruhigend fest, so heißt es in einer eigens angefertigten Protokoll-Notiz, die Lufthansa solle durch den Kabinetts-Beschluß vom 4. Oktober keinesfalls unter Druck gesetzt werden. Die Bundesregierung habe sich immer dafür ausgesprochen, daß »die Deutsche Lufthansa über Flugzeugbeschaffungen allein nach kommerziellen Gesichtspunkten befindet«. Und diese Politik gelte unverändert und liege auch im Interesse der aufstrebenden europäischen Flugzeugindustrie. Erst das Ultimatum, dann die Streicheleinheiten – und alle Seiten hatten das Gesicht gewahrt. Doch der Grimm verrauchte nicht so schnell. Reinhardt Abraham mahnte zu Besonnenheit im Vorstand der Kranich-Airlines: »Ruhe bewahren.« Rolf Stüssel stellte vor Ort in Hamburg lakonisch-wütend fest: »Wir sind eine Firma, die nach industriellen Gesichtspunkten geführt wird. Das müssen wir hin und wieder auch den Politikern klar machen. Sonst werden wir schnell zwischen den Mahlsteinen von Industrie und Politik zerrieben.« Und also blieb's bei der ursprünglichen Maxime: Bloß nicht überhastet Verträge abschließen.

Trotzdem waren die Weichen gestellt. Die Ingenieur-Teams der deutschen Fluggesellschaft wurden Dauergäste in Toulouse, konstatierten den europäischen Flugzeugbauern »Die Entwicklungsarbeiten verlaufen bisher termingerecht« und bestätigten auch »Die Produktion verläuft planmäßig«. Geblieben waren die Triebwerks-Probleme. Und kritisch merkten die Lufthansa-Ingenieure in einem Protokoll vom 30. April 1984 an: »Zum Stand der aerodynamischen Arbeiten und Flugleistungen wurde sehr wenig berichtet und auch Fragen nur sehr zurückhaltend beantwortet.« Immerhin hatten die deutschen Experten 416 technische Anfragen eingebracht. Das Ergebnis löste nicht gerade euphorische Begeisterung in Toulouse aus: »Obwohl die Entwicklung der Basisversion A 320 bisher im wesentlichen planmäßig verläuft, ist auf dem Gebiet der Aerodynamik/Flugleistungen das gesteckte Ziel noch nicht erreicht. Dies gilt insbesondere für die A 320-Version mit V 2500-Triebwerken. Nach heutigem Stand der Erkenntnisse ist nicht zu erwarten, daß Airbus Industrie bis Mitte Juni 85 die für eine vertragliche Bindung notwendigen technischen Voraussetzungen und Garantien anbieten kann. Eine Orientierung von LH auf A 320 schon Mitte 1985 könnte sich bestenfalls in einer konditionierten Kaufabsichtserklärung niederschlagen.« Ein Airbus-Manager in Toulouse sagt's heute so: »Ein Glück, daß Boeing dieses

Lufthansa-Papier 1984 nicht in die Hände bekommen hat.«
Und doch wurde das angepeilte Ziel – der Warnschuß kam offenbar im rechten Moment – zur allseitigen Zufriedenheit (fast) termingerecht erreicht: Am 29. Juni 1985 bestellte die Deutsche Lufthansa als achte Fluggesellschaft 15 Airbus A 320 und gab eine Option auf 25 weitere A 320 ab. Am 16. Oktober 1989 übernahm die Lufthansa in Toulouse ihren ersten Twinjet – und Vorstandsvorsitzender Heinz Ruhnau strahlte: »Der Übergang von der Boeing-727 auf den Airbus A 320 senkt den Treibstoffverbrauch pro Sitzplatz um 40 Prozent.« Auch ein Kapitel Reduzierung von Umweltbelastung. Der Vertrag ist inzwischen übrigens längst modifiziert worden: Aus 15 A 320 der ersten Stunde – plus 25 Optionen – wurden mittlerweile 28 bestellte A 320, von denen die ersten längst im Liniendienst fliegen, sowie 20 bestellte A 321 plus eine Option auf weitere 20 A 321 – das eigentliche Lieblingskind der Kranichflieger. Oder um noch einmal den Ingenieur-Direktor der Deutschen Lufthansa, Rolf Stüssel, zu Wort kommen zu lassen: »Wir glauben heute, daß die A 320 ein noch nie zuvor erreichter Erfolg in der Zivilluftfahrt – als Erstling – werden wird. Es war ein dramatischer Schritt in die richtige Richtung. Und heute ist es uns unbegreiflich, wie Boeing diesen Markt verschlafen konnte. Für potente Airlines kommt im Grunde nur noch die A 320 infrage. Die neue A 321 aber wird noch einmal deutliche Wettbewerbsvorteile bringen; sie wird kaum schlagbar sein und sicher, daran glaube ich, auch ein riesiger Erfolg werden. Dieses Flugzeug hat eine ganz große Zukunft.«

Vier Jahre Countdown

Der Countdown lief seit Juni 1985: 20 Monate vor dem Erstflug des Twinjets Airbus A 320 in Toulouse beschloß die Deutsche Lufthansa die Anschaffung dieses Kurz- und Mittelstreckenflugzeuges. Von diesem 29. Juni 1985 an flog die Zeit den Männern, die den Einsatz dieses modernen Himmelsstürmers zu planen und zu programmieren hatten, buchstäblich davon. Und als schließlich im August 1989 die ersten vier Airbus A 320 mit dem blauen Kranich auf gelbem Grund zur Innenausstattung nach Hamburg-Finkenwerder gekommen waren – gleichzeitig trainierten erfahrene Lufthansa-Kapitäne schon in Toulouse noch mit dem ersten Fly by wire gesteuerten zivilen Jet – wurden noch einmal Hunderte von Ingenieuren und Technikern bei Messerschmitt-Bölkow-Blohm (MBB) intensiv beschäftigt; sie legten Hand bei der Ausstattung der Jets an. In 14tägiger Arbeit leisteten Fluggerätebauer, Ausstattungsmechaniker, Sattler und Dekorateure noch einmal Präzisionsarbeit, schufen Elektriker die Voraussetzungen, damit Leselichter, Ansage- und Musiksysteme auch künftig immer ordentlich funktionieren, wurden vorgefertigte Bauteile wie Trennwände, Decken, Himmel- und Seitenverkleidungen montiert. Doch das alles war nur der Feinschliff der letzten Wochen vor der Einführung in den Liniendienst. Die Küchen, die installiert wurden, waren schon vor vielen Monaten bestellt worden. Der meterlange Katalog der Spezialwerkzeuge, mit denen die Mechaniker und Elektroniker umzugehen lernen mußten, war schon im Jahr zuvor in Toulouse erarbeitet worden. Die »Geisterflotte« der neuen A 320 flog schon seit dem Sommer 1985 durch alle Büros, Hallen, Werkstätten, Schulungszentren, Computer und vor allem durch alle planenden und arbeitenden Köpfe. Und selbstverständlich auch durch die Lufthansa Service GmbH (LSG), die dafür zu sorgen hat, daß in den 90er Jahren jeder A 320-Passagier seine Mahlzeiten und Getränke in bester Qualität erhält. Trotzdem war Hektik nie gefragt und auch nicht existent: Die Deutsche Lufthansa, die oft zu den Erstbestellern und Launching Customern neuer Jets gehört hat, ließ diesmal anderen den Vortritt – anderen Fluggesellschaften, allen voran Air France, blieb es diesmal vorbehalten, die Kinderkrankheiten des neuen Verkehrsflugzeuges auszukurieren.
Dennoch wurde die Einführung des neuen Twinjets für Flugkapitän Carl Sigel, Jahrgang 1948, Chef der A 320-Flotte, seit 1969 Linienflugzeugführer, seit 1976 Kapitän und von 1983 bis 1987 Boeing-737-Flottenchef und damit Boß von rund 600 Piloten, und seine Mitarbeiter handfeste Arbeit, die nie aufgeschoben werden konnte, die immer drängte. Kapazitätsumstellungen, Personalschulung, Training bei Aeroformation in Toulouse, Beschaffung von Spezialwerkzeug, Studium der Wartungshandbücher und immer wieder engste Kooperation mit den Managern der Airbus Industrie, mit ihren Technikern und Piloten. Und das alles im Grunde schon eineinhalb Jahre, bevor alles handfeste Wirklichkeit wurde.
Und weil Lufthansa und Air France seit Jahrzehnten vor allem in punkto Technik eng zusammenarbeiten

und diese Kooperation von Jahr zu Jahr verstärkt und verbessert wird, herrschte bei den verantwortlichen Planern in Frankfurt stille Zufriedenheit: »Es ist gut, daß Air France dieses neue Flugzeug schon ein Jahr vorher bekommen hat. Für uns ist das ein großer Vorteil gewesen.« Das hatte – auf allen Ebenen – praktische Konsequenzen: Die Deutsche Lufthansa, die für ihre neue A 320-Flotte fürs erste rund 180 Kapitäne und Copiloten benötigt, die mehrheitlich bislang den dreistrahligen Mittelstrecken-Jet Boeing-727 flogen, ließ im Mai 1989 vier erfahrene Kapitäne bei Air France im Liniendienst fliegen – genauso wie übrigens Kapitäne der inzwischen sang- und klanglos aufgelösten Interflug der einstigen DDR auf dem Airbus A 310 der Lufthansa praktische Erfahrungen im Liniendienst sammelten und die

Schwer beschäftigt im europäischen Streckennetz

verdutzten Passagiere im schönsten Sächsisch ansprachen. Dergleichen löste noch in den 80er Jahren Verwunderung und Verblüffung aus. Auch am Himmel hat längst die Wende stattgefunden...
Carl Sigel lachte: »Französisch war für unsere Kapitäne nicht Bedingung, aber es war ein Vorteil; auch wenn Englisch die Sprache der Luftfahrt ist. Mich störte es nicht: Ich kann's.« 60 Stunden »Fliegen« im Simulator des modernsten Verkehrsflugzeuges, zwei Stunden praktisches Flugtraining bei Air France und dann ging's ab auf die Linie – bei Air France. Monatelang. Carl Sigel: »Wir fliegen heute schon für Europa.«
Die ersten neunzig Lufthansa-Piloten wurden noch in Toulouse mit dem neuen Twinjet vertraut gemacht. Doch längst findet das A 320-Simulatortraining auch für die Lufthanseaten in Frankfurt statt. Preis des hypermodernen Geräts: 30 Millionen Mark. So viel wie eine kleine Boeing noch in den 70er Jahren kostete. Doch diese Simulatoren machen Fluggesellschaften autonom und dämpfen die Kosten. Schließlich benötigt die Lufthansa allein 20 Checkpiloten. Wenigstens. Und jeder neue A 320-Pilot braucht wieder rund 60 Stunden im Simulator und wenigstens zwei bis drei praktische Flugstunden. Carl Sigel präzisierte die Zielvorstellung: »Jede Cockpit-Crew wird wenigstens 20 Legs bis zur endgültigen Einweisung absolviert haben. Und unsere Flugbegleiter werden die Kabine genauso gut kennen wie unsere Mechaniker das Flugzeug.« Als Carl Sigel das sagte, flog noch keine A 320 auf den Lufthansa-Strecken. Inzwischen heißt es längst: »Kapitän Sigel und seine Mannschaft heißen Sie herzlich willkommen auf unserem Flug nach Madrid«.
Carl Sigel kennt den »kleinen Airbus« seit dem Sommer 1986, als er zum ersten Mal Gelegenheit hatte, die A 320 zu fliegen. Ganz nüchtern stellt er fest: »Der Airbus A 320 ist sehr gut zu fliegen. Ich habe mich in diesem Cockpit sofort wohl gefühlt. Und die Umstellung auf die digitale Welt dieses Flugzeuges ist auch keine Altersfrage, sondern vorrangig eine Frage der persönlichen Einstellung.« Carl Sigel lacht: »Ich hab' nicht einmal einen Computer zu Hause.« Doch dann wird der Mann, der jetzt bei der Lufthansa für den »Wundervogel« der europäischen Flugzeugbauer verantwortlich ist, sehr ernst und rückt mit seiner Maxime viele Dinge ins

rechte Licht: »Wenn ich keine Beziehung zum Fliegen, kein ›fliegerisches Gefühl‹ habe, dann kann ich auch dieses Flugzeug nicht führen. Trotz aller Computer. Deshalb fühle ich mich durch dieses Flugzeug auch nicht ›entmündigt‹. Auch diesem Flugzeug sind – wie allen anderen Flugzeugen – aerodynamische Grenzen gesetzt. Das müssen wir uns immer wieder vor Augen führen. Deswegen stören mich manchmal auch bestimmte Werbefilme und Schriften der Hersteller über die unglaublichen technischen Möglichkeiten dieses A 320. Es ist großartig, in welchem Maße moderne Technologie diesen Jet sicherer gemacht hat. Und eigentlich alle sagen ›Ein wunderbares Flugzeug‹. Aber es nutzt niemandem, dieses Flugzeug spektakulär vorzuführen, was durchaus möglich ist. Ich freue mich auch heute noch über jeden Flug, aber Skepsis und Respekt bleiben immer notwendig. Sonst haben wir unseren Beruf verfehlt.«

Flugkapitän Sigel und seine Männer im Cockpit – schon in Kürze werden auch Frauen den Sidestick, den seitlich angebrachten »Steuerknüppel«, mit der gleichen Selbstverständlichkeit bedienen wie jetzt schon die Männer mit den drei oder vier goldgelben Ärmelstreifen – stehen im Rampenlicht. Doch als die meisten von ihnen noch gar nicht ahnten, daß sie eines Tages den »kleinen Airbus« fliegen würden, hatten schon rund 2000 Techniker und Ingenieure in Bremen und Hamburg mehr als 200 000 Bauteilzeichnungen geschaffen. Und das war nur der deutsche Bauanteil am Airbus A 320. Daß keine dieser 200 000 Bauteilzeichnungen noch manuell fertiggestellt wird, paßt so ganz ins Bild dieses

Carl Sigel, A 320-Flottenchef der Lufthansa

modernsten Verkehrsgeräts am Himmel. Und ist bereits ein Kapitel Luftfahrtgeschichte: CADAM heißt die Zauberformel der Konstrukteure, Computerunterstütztes Konstruieren und Fertigen. Dieser Jet war der Konkurrenz sogar schon ein gutes Stück voraus, als er noch gar nicht existierte.

Und als die ersten dieser kleinsten Exemplare der immer größer werdenden Airbus-Familie schon die Luftstraßen Europas beflogen, da lernte ein neuer Twinjet am Boden die härtesten und brutalsten Seiten des Daseins kennen. Im Betriebsfestigkeitsversuch mit dem Rumpfmittelstück und den Flügeln einer für Tests ausgelegten Flugzeugzelle bewältigte »Airbus A 320 EF 2« an 230 Versuchstagen 120 005 »Flüge«. So unbarmherzig wird kein Airbus A 320 je Turbulenzen, gnadenlos-harten Landungen und mutwilligen Beschädigungen ausgesetzt sein. An 1500 Meßstellen wurde die »EF 2« geprüft. Inzwischen kennen Behörden und Lufthanseaten, Kunden aller Art und Konkurrenten die Resultate. Sie flößen Vertrauen für die Zukunft ein. In Toulouse haben die Sigel & Co und viele andere Piloten in 4 000 Metern Höhe – wieder und wieder – die Probe aufs Exempel gemacht. Wie vor ihnen natürlich die Testpiloten der Airbus Industrie: Mit ausgefahrenen Landeklappen und Fahrwerk und bis aufs äußerste reduzierter Triebwerksleistung rumpelt der 50 Tonnen schwere Jet in solchen Flugphasen mit nur noch 180 Stundenkilometern durch die Luft, manuell gesteuert wie ein kleines Sportflugzeug. Das Flugzeug hängt mit einem Anstellwinkel von fast 20 Grad schräg am französischen Himmel; seitab winken die Pyrenäen. Ein unwirkliches Gefühl. Man muß es selbst miterlebt haben, um es erfassen und begreifen zu können. Doch auch und gerade in solch einer extremen Fluglage, die Test- und Erprobungspiloten immer wieder aufs neue kennenlernen und studieren müssen, paßt Kollege Computer auf: Die Digitalrechner haben wieder das Kommando übernommen und Fahrt aufgenommen; sie korrigieren jeden Fehler sofort. Diese Computer erlauben nur Fliegen im sicheren Bereich. Und alles »Fly by wire«, also ohne Seilzüge alter Art. Bei orkanartigen Böen selbst in Bodennähe reagiert das Schutzsystem mit buchstäblich blitzartiger Geschwindigkeit: Binnen 20 Millisekunden spricht die Steuerung der Höhenruder und Spoiler an.

Zwei Generationen: Der Airbus löst die Boeing-727 ab

Wirtschaftlichkeit durch moderne Aerodynamik...

...und gewichtssparende Verbundwerkstoffe: Ein Leitwerk der Royal Jordanian

Leise und umweltfreundlich. Eine neue Triebwerksgeneration: CFM 56-5A1

High Tech am Arbeitsplatz über den Wolken: Übersichtlich und ergometrisch

Amerikanische Lektionen

Wütend schimpfte ein amerikanischer Frequent Traveller auf dem Flug von Minneapolis nach Chicago: »Verdammt noch mal, warum müssen eigentlich erst diese Europäer Boeing und McDonnell Douglas zeigen, wie richtige Flugzeuge gebaut werden!« Der gute Mann, studierter Techniker, natürlich Vielflieger und im übrigen ein braver Patriot wie die meisten seiner Landsleute, schimpfte, obwohl er eigentlich mit sich und der Welt zufrieden war: Er saß bequem, hatte genügend Raum für sein eigenes Fahrgestell und war, branchenkundig wie er war, obendrein auch noch sichtlich angetan vom Cockpit, in das er einen kurzen Blick hatte werfen können. Und genau das alles mißfiel ihm auf originelle Art: »Warum können wir denn nicht auch solche Flugzeuge bauen?« Mr. Miller, so hätte er heißen können, lernte – als Passagier – auf dem Kurs nach Chicago zum ersten Mal den Airbus A 320 kennen, über den die amerikanische Senatoren-Lobby aus Kalifornien und Washington jahrelang so sehr gegiftet hatte. Es war der erste Airbus A 320, den der Gigant Northwest, Amerikas zweitälteste, bereits 1926 im Staat Michigan gegründete Fluggesellschaft bestellt hatte. Die Nr. 1 von 100! Plus 16 A 330 und 20 vierstrahlige A 340. Selbst Optimisten hatten in den Gründerjahren in Toulouse nicht davon zu träumen gewagt, daß je so viele Airbusse überhaupt gebaut werden würden. Mr. Miller lehnte sich zufrieden zurück, auch wenn er trotz seines persönlichen Wohlbefindens alles andere als zufrieden war. Umso fröhlicher war sein Nachbar: Wolfgang Issel, schon als junger Mann leitender Flugversuchsingenieur bei den bremischen Vereinigten Flugtechnischen Werken (VFW), die vergeblich in den 70er Jahren ihre zweistrahlige VFW 614 auf dem amerikanischen Markt unterzubringen versucht hatten, fühlte sich wie der liebe Herrgott in Frankreich. Denn der amerikanische Patriot an seiner Seite entschädigte ihn für viele Niederlagen, die Issel & Co in langen und schweren Amerika-Jahren erduldet hatten, bestätigte ihm aber auch auf drastische Art, welcher industrielle Machtfaktor Airbus Industrie of North America (AINA) seit ihrer Gründung 1979 geworden ist. »Wir haben uns durchgesetzt. Es gibt Hunderte von amerikanischen Firmen, die für uns als Zulieferer arbeiten, die glücklich sind, daß es uns gibt«, bestätigt Wolfgang Issel, der als Kaufmann und als Techniker zu den Männern gehört, die mit dem Airbus Nordamerika noch einmal erobert haben. Natürlich zum großen Kummer der Boeing Company. »Aber selbst die Jungs von Boeing haben sich längst an uns gewöhnt. Manchmal verstehen wir uns sogar blendend.« Wolfgang Issel, der die Airbus Service Company in den USA aufgebaut hat, wird noch präziser: »Und wenn uns oder Boeing irgendwo im weiten Amerika mal ein Ersatzteil oder was aus der Avionik fehlt – es gibt viele identische Geräte in den Flugzeugen beider Firmen, vor allem im elektronischen Bereich – dann leihen wir uns das auch gegenseitig aus. Das ist überhaupt kein Problem mehr.« Der Konkurrenzkampf wird vorrangig in den höheren Sphären ausgetragen, der Alltag ist immer friedlicher geworden.

Kein Wunder, daß viele Airbus-Leute bei der Internationalen Luft- und Raumfahrtausstellung ILA 90 in Hannover-Langenhagen aufstöhnten, als ausgerechnet Airbus-Präsident Jean Pierson wieder Sturm gegen die Amerikaner lief und alte längst vernarbte Wunden aufriß. Die Amerikaner haben ihre vor allem in den späten 80er Jahren oft sehr aggressiven Angriffe gegen die europäischen Regierungssubventionen längst einschlafen lassen. Getreu der Maxime: Wer im Glashaus sitzt, soll nicht mit Steinen werfen. Und weil Boeing keine Sorgen hat und McDonnell Douglas vor dem Hintergrund wachsender eigener Probleme jedem öffentlichen Streit geflissentlich aus dem Weg geht, herrscht Ruhe an der Subventionsfront. »Nur Pierson mußte in Hannover wie das berühmte Kamel wieder übers frische Gras laufen«, schimpften deutsche Ingenieure aus Toulouse.

Die Gegenwart ist eitel Sonnenschein: Weit über 400 Firmen arbeiten in Nordamerika für die europäischen Flugzeugbauer. Rund 100 000 Beschäftigte profitieren nach einer Übersicht des US-Handelsministeriums direkt von der Airbus Industrie. Die Airbus Industrie of North America hat in den vergangenen Jahren über vier Milliarden Dollar umgesetzt. Mehr noch: »In keinem anderen Land der Welt wird ein so großer Anteil am Airbus gefertigt wie in den USA, auch in keinem der europäischen Partner-Länder«, erklärt Alan S. Boyd, seit 1982 AINA-Präsident. Das fängt bei den Triebwerken von General Electric und Pratt & Whitney an und führt über die Elektronik, die Navigations- und Trägheitssysteme bis zu den Antennen und zum Wetterradar. Airbus-Teile werden in Phoe-

nix und in Minneapolis, im kalifornischen Van Nuys und in Cedar Rapids gebaut. In sein Technik-Zentrum in Herndon in Virginia hat Airbus weit über 100 Millionen Dollar investiert. »Wir schaffen ständig neue Arbeitsplätze«, sagt Alan S. Boyd. Bei Airbus aber heißt es: Roger Beteille hat mehr Verdienste um unser Flugzeug als alle anderen Franzosen, doch zu seinen größten Leistungen gehört die Verpflichtung Boyds als amerikanischen Airbus-Repräsentanten. Das trifft den Kern der Dinge: Alan S. Boyd war unter Gerald Ford US-Transportminister, kennt die amerikanische Verkehrswirtschaft besser als alle Europäer und (fast) alle Amerikaner, hat überall und besonders im Weißen Haus Zutritt und war vor allem der große Schutzschild bei den inzwischen verebbten Subventionsdiskussionen. Wolfgang Issel bringt es auf den Nenner: »Alan S. Boyd ist für die Airbus Industrie einfach Gold wert.«
Trotzdem war die Eroberung der Neuen Welt mühevoll und voller Widrigkeiten. Wo der Riese Boeing auftrat, blieb dem europäischen David manchmal kaum die Luft zum Atmen. Qualität allein war oft viel zu wenig, um europäische Jets zu placieren. Und die Schwäche der Europäer war, besonders anfangs, immer wieder die Stärke der amerikanischen Fluggesellschaften, die bis um den letzten Dollar pokerten – und oft doch wieder absprangen. Das klassische Beispiel ist Amerikas Nobel-Laden Delta Air Lines. »Keine amerikanische Fluggesellschaft war am Airbus A 320 so stark interessiert wie Delta«, erinnert sich Wolfgang Issel. Die exzellenten Ingenieur-Kompanien dieses Unternehmens, das ohnehin als eine der gesündesten, stärksten und modernsten Fluggesellschaften Amerikas gilt und über hervorragende Werft- und Wartungsbetriebe verfügt, waren Stammgäste in Toulouse. »Für uns war's doch nur eine Frage der Zeit, wann Delta endlich ordert. Das Flugzeug war in vielen Details förmlich auf Delta zugeschnitten.« So Wolfgang Issel. Und weil diese Fluggesellschaft nun einmal in den USA in ähnlich hohem Ansehen steht wie beispielsweise Singapore Airlines im Fernen Osten oder Swissair in Europa, schwebten die Verkäufer der Airbus Toulouse schon im siebten Himmel.
Doch dann kam alles ganz schnell ganz anders: So mächtig Delta Air Lines ist, seit 1928 in Atlanta im Bundesstaat Georgia zu Hause, mächtiger war mit Hilfe des 1933 verabschiedeten Buy American Act die amerikanische Lobby. Die-

Alan S. Boyd. Ein Amerikaner kämpft erfolgreich für Europas Flugzeugbauer

ses Uralt-Gesetz, das 1974 angesichts der damals herrschenden Rezession neu novelliert worden war, besagt schlichtweg, daß amerikanische Hersteller bei der Beschaffung strategisch wichtiger Produkte, ob zivil oder militärisch, vorrangig berücksichtigt werden müssen. Sinn des Gesetzes war der Schutz der US-Wirtschaft vor allem in Regionen mit hoher Arbeitslosigkeit oder niedrigem Bruttosozialprodukt. De facto aber hat der Buy American Act bis heute der US-Lobby immer wieder geholfen, unbequeme europäische Konkurrenz auszuschalten. Delta bestellte keine Airbusse. Trotzdem gilt: Die Delta-Ingenieure haben viel konstruktive Ideen in den »Kleinen Airbus« eingebracht. Wolfgang Issel räumt freimütig ein: »Delta hat uns viel geholfen, das Flugzeug zu perfektionieren.« Wie übrigens Deltas Ingenieur-Teams auch imponierend aktiv an der Entwicklung des 80- bis 115sitzigen Regionalverkehrsflugzeuges MPC 75 mitwirkten, das lange als deutsch-chinesisches Kooperationsmodell durch die Konstruktionsbüros der norddeutschen Airbus-Werke geisterte, inzwischen aber in anderen aufwendigeren Projekten aufgegangen ist. Delta Air Lines ist natürlich zum Trauma für die Airbus Industrie geworden: 103 Airlines aus allen fünf Erdteilen haben bis heute Airbusse geordert. Nur Amerikas Nobel-Linie fehlt noch.

Schrittmacherdienste auf dem nordamerikanischen Markt haben Eastern Airlines mit ihrem Auftrag über 34 A 300 und die traditionsbeladene Pan Am, die dann sechs Jahre später mutig zuschlug, geleistet. Beide Unternehmen gehören zu den Opfern der umstrittenen Deregulation, beide Gesellschaften flogen in den 80er Jahren neunstellige Verluste ein – beide Firmen haben gegenüber den marktbeherrschenden Branchengiganten Delta, American Airlines, Northwest und United kaum Überlebenschancen. Und doch ist der Höhenflug der Airbus Industrie vor allem Eastern und Pan Am zu danken, die ungeachtet aller Proteste der amerikanischen Lobby zugriffen, als ihnen die Europäer günstige Angebote auf den Tisch legten. Seitdem hält sich hartnäckig das Gerücht: Erst die Preis-Nachlässe der Airbus Industrie haben es den finanziell angeschlagenen US-Airlines Eastern und Pan Am überhaupt ermöglicht, wieder neue Jets anzuschaffen und wieder Ansehen zu

Amerikas Traditions-Airline Eastern wurde zum Wegbereiter in den USA

gewinnen. Als dann mit American Airlines, die gleich 34 Airbus A 300–600 bestellten, und Northwest Airlines mit ihrem Mammutauftrag die potenten Kunden den Bann brachen, war das Urteil einmütig, stark gesteuert von Boeing-Lobbyisten: Airbus hat zugesetzt, um auf dem US-Markt zu triumphieren. Ein englischer Airbus-Verkäufer hält mit Leidenschaft dagegen: »Northwest und American haben alles versucht, um den Preis zu drücken, aber was mit Thai Airways International gemacht wurde, ist in den USA nicht passiert.« Immerhin ein Eingeständnis. Und richtig ist: Im Grunde sind die Pan Am-Flugzeuge, trotz Besitzerwechsel, immer noch nicht bezahlt. Die Banken sind de facto nach wie vor Eigentümer.

Genauso wenig wie übrigens die A 320 der in die Pleite geflogenen amerikanischen Braniff, von denen einige sogar, brandneu und frisch ausgeliefert, in der Wüsten-Metropole Tucson in Arizona an die Kette gelegt und auf einem alten Flugplatz für Schrottflugzeuge abgestellt wurden. Die Airbus-Verkäufer rauften sich derweil die Haare: Die Lieferfrist für die A 320 war mittlerweile auf gut vier Jahre gestiegen, neue Twinjets waren begehrt wie die Blaue Mauritius – und in Arizona lagen die A 320 der Braniff an der Kette der Konkursverwalter. »Wir hatten nicht mal die Chance, diese Flugzeuge zurückzukaufen, was wir liebend gern getan hätten. Damit hätten wir neue Lieferpositionen für Kunden bekommen, die uns die Bude nach neuen Airbussen einstürmen.« So Wolfgang Issel.

Flugzeugverkäufer in Nordamerika, wo fast täglich neue Kooperationen geschlossen werden und heute gegründete Airlines morgen schon wieder pleite oder verkauft sind, haben wiederholt abenteuerliche Dimensionen. So wurden beispielsweise zwei Airbusse A 300 der finanziell abgestürzten North Eastern buchstäblich nachts in Fort Lauderdale in Florida geklaut und nach Guadeloupe geflogen, um sie aus der Konkursmasse freizubekommen. »In einem anderen Falle haben wir einmal für zehn Millionen Dollar Ersatzteile geliefert und diese dann noch nicht bezahlten Ersatzteile noch einmal selbst bezahlt, um unsere Flugzeuge aus der Konkursmasse wieder zu bekommen«, berichtet Wolfgang Issel mit Grinsen.

Grotesk aber wurde 1986 das Geschäft mit American Airlines für Airbus Industrie und Boeing. Es ging um die Großraumflugzeuge Airbus A 300–600 und um zwölf zusätzliche Boeing-767. »Wir hatten uns geschworen: Entweder oder! Boeing pokerte nach gleichen Prinzipien. American Airlines aber hatte – voreilig – schon entschieden, mit welchen Triebwerken die neuen Jets fliegen sollten: CF 6–80C2.«

»So was habe ich in meinem Leben noch nicht mitgemacht«, staunt Wolfgang Issel noch heute. »Wir handeln, feilschen, rangeln. Und die General Electric-Leute lehnen sich zurück. Deren Triebwerk stand fest, egal ob wir unsere Flugzeuge los werden oder nicht. Oder ob Boeing das Rennen macht. So kam's am Ende, daß American Airlines gemeinsam mit Boeing und uns gegen General Electric verhandeln mußte, damit das ganze Geschäft auch stimmte und Sinn machte. Wir fighteten alle Mann gegen die falschen Gegner und wußten es nicht.«

Nicht alle Geschäfte waren für Airbus so simpel und großartig wie die Order von Northwest Airlines. Das war ganz einfach. Franz Josef Strauß, ehemaliger Aufsichtsratsvorsitzender der Airbus Industrie, und sein Freund Steven G. Rothmeyer, seinerzeit Präsident von Northwest, stolz auf deutsche Vorfahren, waren engste Freunde und scherten sich nicht um den Buy American Act und die US-Lobby: Der Gigant aus Minneapolis beschloß die totale Reorganisation seiner Flotte, orderte 100 A 320 und entschied sich für den neuen Jumbo Boeing-747–400, weil es Steven G. Rothmeyer so wollte. Und weil er auf Franz Josef Strauß hörte. Die Planung war grandios, die Schulung der neuen Piloten-Teams allerdings problematisch.

Steven G. Rothmeier hörte auf Franz Josef Strauß – Northwest erteilte den größten Auftrag: 100 Jets auf einen Streich

Neue Lernprozesse für alte Piloten

Im Grunde ging es einem so vorzüglichen Unternehmen wie Northwest Airlines nicht viel besser als einer so umstrittenen Fluggesellschaft wie Indian Airlines: Die bis in den Grenzbereich einer Irrtümer weitgehend ausschließenden Perfektion entwickelten Techniksysteme dieses Flugzeuges werden, zwangsläufig, vorrangig von Piloten bedient, die in konventionellen Flugzeugen ausgebildet worden sind und die jahrelang konventionelle Flugzeuge gut beherrscht haben. Selbst erfahrene Kapitäne gehen Neuerungen, mögen sie noch so sinnvoll und notwendig sein, am liebsten aus dem Weg. Piloten sind gewöhnlich konservativ.

Doch Northwest Airlines und Indian Airlines zogen aus der Herausforderung durch die neue Technologie höchst unterschiedliche Konsequenzen: Die US-Fluggesellschaft, der es weder an qualifizierten Piloten noch an hervorragenden Ingenieuren und Mechanikern mangelt, nahm diese Herausforderung mit amerikanischer Selbstverständlichkeit an. »Northwest-Piloten übernahmen diese ersten A 320 mit einem Minimum an Ausbildung und Erfahrung. Sie hatten getan, was der Gesetzgeber verlangte«, erzählt Udo Günzel, 50, einer der routinierten Testpiloten der Airbus Industrie. »Die haben ihre eigenen Ausbildungsstätten und ihre eigene Philosophie, lehnten unsere Hilfe weitgehend ab, bekamen prompt Probleme mit den ›Kinderkrankheiten‹ des Flugzeuges und stellten uns dann die unmöglichsten Fragen.« Udo Günzel, einst Jagdbomber-Pilot und -Lehrer, der »nebenbei« ein Ingenieur-Studium

Udo Günzel, einer der Männer der ersten Stunde: Testpilot seit 1973 in Toulouse

in München absolviert und auch die berühmte Testpilotenschule im französischen Istres besucht hat, ehe er 1973 nach Toulouse ging – »Ich gehörte anfangs zum VFW–614-Team und bin sozusagen mit VFW fusioniert worden« – wirft heute den Amerikanern vor: »Es wäre besser gewesen, sie hätten die ersten 40 Leute bei uns gründlich schulen lassen. Dann hätte es nicht so viele Probleme bei der Einführung des Flugzeuges gegeben.«

Bei Northwest sehen das ein paar Kapitäne zwar inzwischen genauso, aber US-Flieger halten sich nach wie vor oft für den Nabel der Welt. Jedenfalls zwischen Himmel und Erde. Und also war das Küken mal wieder klüger als die Henne in Toulouse, die den Vogel schließlich ausgebrütet hatte. Nur waren die Northwest-Leute wiederum so clever und erfahren, daß sie aus den »Kinderkrankheiten« – der elektronische Spuk im Cockpit reichte von Warnlichtern, die grundlos aufleuchteten, über Stromschwankungen bis zu Irritationen, die nach der Landung nie wieder auftauchten – auf ihre Art lernten, eine Mängelliste erstellten und diese der Airbus Industrie und der amerikanischen Luftfahrtbehörde Federal Aviation Administration (FAA) zuleiteten. Dem Hersteller als Aufforderung zur Abstellung. Der Behörde als Warnung für die Piloten anderer Airlines. Damit könnten alle was anfangen. Wobei Udo Günzel und Chris Krahe übereinstimmend erklären: »Solche Anfangsprobleme gibt's bei jedem neuen Flugzeug. Das war bei der Boeing-747–400 nicht anders als bei uns.« Salopp fügt Udo Günzel hinzu: »Damit muß man leben. Das sind keine Sicherheitsprobleme.« Dem ist nicht zu widersprechen. Wäre es anders, würden Luftfahrtbehörden wie das deutsche Luftfahrtbundesamt (LBA) der die noch viel strengere FAA den Airbus A 320 gar nicht starten lassen.

Die Indian Airlines mit ihrem unerfahrenen Piloten-Korps und ihrem überforderten technischen Management zog aus ihren hausgemachten Problemen ganz andere Konsequenzen. Obwohl den Piloten ihres Unglücks-Vogels drei handfeste Fehlleistungen bei der Landung nachgesagt wurden, gaben die Inder den Schwarzen Peter an die Hersteller weiter, groundeten und boten ihre Airbusse A 320 weltweit zum Verkauf an. Chris Krahe: »Man muß sich das einmal vorstellen. Wir können uns vor Aufträgen nicht retten und die grounden den Jet, weil sie damit nicht zurecht kommen.« Es gibt natürlich auch eine andere Version: Unter vielen indischen Piloten geht die Angst um, diesem Flugzeug und seiner futuristischen Technik, das eklatante Pilotenfehler weitgehend ausschließt und die Crews notfalls »zur Ordnung ruft«, nicht oder noch nicht gewachsen zu sein. Chris Krahe beleuchtet den Hintergrund: »Bei den meisten bisher gebräuchlichen Flugzeugen gehen die Piloten kaum bis an die Leistungsgrenzen heran, um nicht die Kontrolle zu verlieren. Beim Airbus A 320 aber können die Piloten in schwierigen Situationen oder bei Notfällen die maximale Leistung des Jets fordern und erhalten sie auch unverzüglich.« Das ist imponierend und gespenstisch zugleich. Aber auch diese Qualität verlangt Wissen, Erfahrung und Verantwortungsbewußtsein. Alle drei Faktoren bilden eine Einheit. Wo ein Faktor ausfällt, wird es kritisch: Habsheim und Bangalore beweisen das. Oder um noch einmal Udo Günzel zu zitieren: »Wir müssen immer wieder Basis- und Informationsarbeit bei Airlines und Piloten leisten. Wir sind ständig gefordert. In der Öffentlichkeit wird meistens nur das Negative reproduziert. Und von manchen Schlagzeilen lassen sich sogar Piloten beeindrucken. Es ist wirklich unfaßbar, wie oft wir immer noch die Zweifel an der neuen Technologie ausräumen müssen, wie wir immer wieder geduldig Sidestick und Fly by wire erklären.« Das ist's, was Chris Krahe meinte: »Gib' einem Piloten ein Flugzeug. Nach drei Monaten ist es für ihn das beste. Und er wird alles tun, um nicht auf ein neues Muster umschulen zu müssen. Piloten sind eben konservative Leutchen. Doch das hat auch viele Vorteile. Der wichtigste: Gute Piloten sind keine Hasardeure.« Es gibt auch eine andere Definition: Die besten Testpiloten sind verheiratet und haben Frau und Kinder. Sie wollen alle heil ankommen. Für Linienflieger gilt das erst recht. Mit einem Unterschied: Sie wollen heil und auch noch pünktlich ankommen.

Udo Günzel, der gemeinsam mit Chris Krahe, dem ehemaligen Deutsche Airbus-Piloten »Charly« Nagel und dem früheren Dornier-Testpiloten Bernd Schäfer das deutsche Element in Toulouse beim Einfliegen der neuen Airbusse verkörpert, prophezeite schon Anfang 1984 mutig: »Im Grunde waren wir immer optimistisch, daß unsere Flugzeuge eine Zukunft haben würden. Wir hofften nicht nur, wir wußten wirklich, daß wir an einem guten Produkt arbeiteten. Dafür verstanden wir auch zu viel von der Materie. Wir wußten – auch in den schlimmen Jahren 1975 und 1976, als viele »Experten« uns prophezeiten, wir würden morgen arbeitslos sein – daß sich der Airbus eines Tages durchsetzen würde. Und deshalb wird sich auch der Airbus A 320 durchsetzen.« Originalton Udo Günzel am 16. Januar 1984 gegenüber der Deutschen Presse-Agentur (dpa). Über drei Jahre vor dem Erstflug des ersten Airbus A 320. Udo Günzel fügte damals noch hinzu: »Und der Airbus A 320 wird allen davon fliegen. Das wird ein Flugzeug, da werden noch viele das große Wundern kriegen. Davon bin ich felsenfest überzeugt.« Udo Günzel hätte – vielleicht – auch noch Wahrsager werden können.

Diejenigen deutschen Piloten jedoch, die ihm einst baldigste Arbeitslosigkeit weisgesagt hatten, wären in den 90er Jahren glücklich, in der Rolle der Günzel, Nagel, Krahe oder Schäfer fliegen zu dürfen. Die Test- und Verkaufspiloten der Flight Division werden – längst – weltweit beneidet. Und das nicht etwa wegen des Einkommens. Jeder Jumbo-Kapitän verdient mehr. Chris Krahe: »Aber unser Job ist viel interessanter. Und macht viel mehr Spaß. Vor allem bei den Erfolgen.«

Erstaunliche britische Metamorphose

April 1990: In Toulouse, Hamburg und Chester kommen die Airbus-Konstrukteure und Aeroformation-Piloten aus dem Staunen nicht mehr heraus. Europas größte Fluggesellschaft British Airways – oft kolportiertes Eigenlob: »Die Airline mit dem weltweit größten Streckennetz« – hatte sich vom Saulus zum Paulus gewandelt. Die Fluggesellschaft, die von den europäischen Jets partout nichts wissen wollte, obwohl wichtige Airbus-Teile einschließlich der Tragflächen auf der britischen Insel produziert werden, die sich jahrelang gegen den Kauf von »Flüsternden Riesen« oder »Kleinen Airbussen« ausgesprochen und nur höchst widerwillig und notgedrungen jene zehn A 320 der englischen Fluggesellschaft British Caledonian Airways übernommen hatte, die sie selbst vor zwei Jahren mit großem Appetit geschluckt hatte, verblüffte Europas und Amerikas Flugzeugbauer gleichermaßen. Letztere hatten bei British Airways immer deutlich bessere Karten gehabt. Viel zu lange, wie Airbus-Chef Jean Pierson einmal gewettert hatte.

Doch am 29. April schrieb die Hauszeitschrift von British Airways in kräftigen Lettern:
»Everyone's favourite
the winning ways of the A 320«
Und dann wurde von A 320-Trainingskapitän Simon Fisher ganz ungewohnt britisch überschwenglich und detailliert erklärt, warum der Airbus A 320 das Non plus ultra der modernen Verkehrsfliegerei ist:

Späte Anerkennung: »High Tech fürs nächste Jahrhundert«

- Die Piloten lieben das Flugzeug
- Die Kabinen-Crew findet es sehr angenehm, in ihm zu arbeiten
- Die Ingenieure sind höchst erfreut
- Der Sitzkomfort und die Beinfreiheit in den geräumigen Kabinen begeistert – das ergab eine British-Airways-Umfrage – die Passagiere.

Das Lob war überschwenglich, ge-

treu dem Motto: Eine Million Passagiere auf über 11 000 Flügen in zwei Jahren können nicht irren.
A 320-Chefpilot P. Looker ging sogar noch einen Schritt weiter: »Der zweite Jahrestag der Einführung der A 320 in den Liniendienst von British Airways markiert einen wichtigen Meilenstein, denn es ist eines der ehrgeizigsten Projekte aller Zeiten der Flugzeugindustrie.«
Und dann ließ Flugkapitän Looker die Katze aus dem Sack: Der Termin der Einführung eines so revolutionären Flugzeuges wie der A 320

sei für British Airways alles andere als glücklich gewesen, weil gleichzeitig der schwierige Zusammenschluß der beiden Unternehmen erfolgt sei. Aber dieses Flugzeug sei eben doch »ungewöhnlich zuverlässig«.

In Toulouse und Hamburg war die Verblüffung grenzenlos. Zu frisch war die Erinnerung an den Ärger der vergangenen Jahre. Kaum war British Caledonian als Launching Customer für den Airbus A 320 gewonnen worden, stand die Übernahme durch British Airways ins Haus. Und alles wollten Sir Colin Marshall und sein Team, bloß keine Airbusse. Airbus Industrie war einen sympathischen Launching Customer los, der in der schwierigen Anfangsphase treu zum Airbus A 320 gestanden hatte und jetzt vom Giganten British Airways geschluckt wurde. Und damit auch – wohl auf Dauer gesehen – einen potentiellen Kunden in Westeuropa, der Signalwirkung gehabt hatte. Denn darüber schien es kaum Zweifel zu geben: British Airways stand dem Airbus A 320 anfangs noch distanzierter gegenüber als die Lufthansa, für die dieser Jet auch eine ziemlich späte, aber dann umso heißere Liebe wurde. Daß sich die beiden führenden europäischen Airlines so lange zierten, gehört bei der Airbus Industrie heute ins abgehakte Kapitel Historie. Ärgerlich war es trotzdem. Und Kredit kostete es auch.

Als die British Airways-Manager, kaum hatten sie die ersten Twinjets im Liniendienst, gar über zu hohe Betriebskosten und zu viel Lärm ihrer Caledonian-Mitgift jammerten, knirschten die Airbus-Verkäufer in Toulouse mit den Zähnen und ballten heimlich die Fäuste: »Die Engländer wollen unsere A 320 nur

noch ein Stückchen billiger haben. Deshalb wird sie so zerredet. Der Trick zieht nicht.« Der Trick zog tatsächlich nicht, auch wenn's der Reputation schadete und der Zorn in Toulouse groß war.

Und nun dieser Wandel. British Airways-Trainingskapitän Roger Hoyle machte sich zum Sprecher seiner Kollegen: »Ähnlich wie die Passagiere sind auch die Piloten von dem neuen Flugzeug begeistert. Für Piloten, die von älteren Typen wie der BAC-1–11 oder der Boeing-737 kommen, dauert es ein bißchen länger, um den Technologie-Sprung zu bewältigen, aber ›Fly by wire‹ und auch Sidestick sind schnell von allen akzeptiert worden. Die Flugschüler von Prestwick haben von der A 320 genauso Besitz ergriffen wie junge Enten vom Wasser. Die A 320-Flotte ist heute eine der zufriedensten und am be-

Bewährt bei der Airline mit dem größten Streckennetz der Welt

sten funktionierendsten in unserer Gesellschaft.«

A 320-Flight-Manager John Duncan, einer der erfahrensten britischen Flugkapitäne, brachte es auf den kurzen Nenner: »Hervorragendes High Tech-Fliegen ins nächste Jahrhundert.« So schnell ändern sich die Zeiten. Nur zwei Jahre brauchte Europas größte Fluggesellschaft, um ein Flugzeug begeistert zu rühmen, das sie noch 1988 nur mit Widerwillen akzeptiert, im Grunde aber abgelehnt hatte.

Kollege Computer kommt sofort – das digitale Cockpit

Prototyp Nr. 2: Einer von vielen Starts während der Flugerprobung.

Es gibt keinen Weg zurück. Die Vier-Mann-Cockpits gehören – auf die Dauer gesehen – genauso der Vergangenheit an wie die Drei-Mann-Cockpits. Allenthalben verschwinden die Flugingenieure – Kollege Computer regiert in den modernen Zwei-Mann-Cockpits. Und alle Proteste und solidarischen Appelle innerhalb der Branche haben die Entwicklung nur verzögern, jedoch nicht aufhalten können: Der Flugingenieur ist ein aussterbender Beruf. Jedenfalls in Linienflugzeugen. Übrig bleibt ein kleiner Kreis hochqualifizierter und hochmotivierter Flugingenieure, der bei der Entwicklung neuer Jets, bei Programm- und Testflügen Schlüsselfunktionen übernimmt, damit diese Verkehrsflugzeuge eines Tages ohne Flugingenieure auskommen könne. So einfach schließt sich der Kreis.

Und deshalb unterscheiden sich die ersten A 320 gründlich von den Linienflugzeugen, die den Passagieren inzwischen rund um den Globus wohlvertraut sind. Mit rund elf Tonnen elektronischer Meß- und Testgeräte sind diese Prototypen vollgestopft – da bleibt kein Platz für herkömmliche Sitzreihen. Da haben vor allem die Ingenieure das Sagen – sie nehmen selbst den Piloten das Heft aus der Hand und bestimmen den Kurs.

Im modernsten Cockpit der Zivilluftfahrt, das je entwickelt worden ist, wachen bei Programm- und Versuchsflügen zwei Testpiloten über die computergesteuerte Flugführungssysteme, bei denen die mechanischen Steuersysteme durch elektrische Impulse ersetzt worden sind. »Fly by wire« ist zum festen Begriff geworden. Im Versuchsprogramm genauso wie auf der Linie. Die Piloten kontrollieren die Flugführungs- und Navigationsbildschirme und können im übrigen exakt ablesen und vom Computer abfragen, was wichtig und was wesentlich ist. Wenn etwas nicht funktioniert, werden sie optisch und akustisch gewarnt und gleichzeitig auch darüber unterrichtet, welche Maßnahmen zur Beseitigung von Funktionsstörungen sofort ergriffen werden müssen und welche Reparaturen oder Überholungsarbeiten erst nach der Landung erledigt zu werden brauchen. College Computer weiß immer Rat. Und zwar sofort.

Wenn Männer wie Karl Nagel, Udo Günzel und Bernd Schäfer, renommierte deutsche Testpiloten im Airbus Zentrum Toulouse, alle Daten in die Computer eingegeben haben, können sie sich (fast) aufs Zuschauen beschränken: Die elektronische Steuerung von Kurs und Triebwerken bringt den kleinen Airbus sicher ans Ziel. Doch damit diese Flugzeuge auch zu Hunderten im Liniendienst in den nächsten Jahren genauso zuverlässig ihre teure Pflicht erfüllen, leisten vor allem die Flugingenieure in Toulouse immer wieder Schwerstarbeit. Im Airbus-Mekka stehen sie immer in der ersten Reihe. In der Kabine, wo gemeinhin Passagiere sitzen, ist ihr Arbeitsplatz inmitten von Computern, Bildschirmen, Meßgeräten, Druckern und endlosen Kontrollhänden. Alle wesentlichen Daten werden noch während solcher Versuchsflüge über Satelliten zur Kontrollstation geleitet. In den Prototypen geben die Flugingenieure den Ton an, bestimmen selbst den Kurs. Sie simulieren Stromausfälle und Triebwerksprobleme, geben Weg und Höhe und Komplikationen vor.

Alfred Pasenau und Jürgen Hammer gehören zu diesen Flugingenieuren, die am Airbus arbeiten. Pasenau war schon bei der alten »Weserflug« in Bremen tätig; später wurden daraus die Vereinigten Flugtechnischen Werke (VFW). In den 80er Jahren war alles im großen Haus Messerschmitt-Bölkow-Blohm vereint. Heute ist's die »Deutsche Airbus«. Seit 20 Jahren lebt Alfred Pasenau in Toulouse. »Ich bin schon ein halber Franzose, bin auch mit einer Französin verheiratet«, erzählt der deutsche Ingenieur, der seine ersten Erfahrungen einst beim deutsch-französischen Programm »Transall« gesammelt hat. Jürgen Hammer, in jüngeren Jahren ebenfalls Flugversuchsingenieur in Bremen, gehört zu den Männern, die das erste Düsenverkehrsflugzeug der Bundesrepublik, die VFW 614, mit in den Himmel brachten. Als am 1. Februar 1972 einer der Prototypen der VFW 614 über dem Bremer Flughafen abstürzte, konnten sich Testpilot Leif Nielsen und Jürgen Hammer mit dem Fallschirm retten; der zweite Testpilot Hans Bardill kam ums Leben. Jürgen Hammer, der für die Deutsche Gesellschaft für Luft- und Raumfahrt (DGLR) schon Symposien über Flugversuchstechnik organisiert und in den USA die Testpilotenschule absolviert hat, ist trotz dieser Tragödie der Fliegerei treu geblieben:

Der Sidestick löst den alten Steuerknüppel ab

»Schon als Student habe ich Zulassungsflüge für die ersten Hochleistungs-Segelflugzeuge aus Kunststoff durchgeführt und damit mein Studium finanziert. Da kommt man von der Fliegerei sein Leben lang nicht mehr los.« Immerhin räumt auch ein Mann wie Jürgen Hammer ehrlich und mit großem Freimut ein: »Manchmal gibt es schon Situationen, in denen man mit seinem Helm, Fallschirm und Dinghi schweißgebadet vor seinen Instrumenten sitzt. Aber dann braucht man eben, vor allem bei dem Wust von Informationen, einen kühlen Kopf.« Und was sagt seine Frau Ingrid zu diesem nun wahrlich nicht alltäglichen Job? Jürgen Hammer lächelt: »Meine Frau ist Segelfluglehrerin.«

Abwechselnd kontrollieren Alfred Pasenau und Jürgen Hammer die Instrumente, vergleichen Daten und beobachten die Bildschirme – hoch über den französischen Pyrenäen – auch dann noch mit unerschütterlicher Ruhe, wenn der nahezu schallschnelle Twinjet (0,82 Mach) auf nur 180 Stundenkilometer gedrosselt wird, wenn er mit einem Anstellwinkel von 20 Grad, sozusagen mit hängendem Schwanz und steil aufgerichteten Kopf, doch geradeaus weiterfliegt oder wenn das Flugzeug abrupt hochgezogen wird – ein Manöver, um Kollisionen zu entgehen – und dann minutenlang Belastungen vom Zweifachen der Erdbeschleunigung auftreten. Auch bei einem seitlichen Neigungswinkel bis zu 65 Grad zum Fliegen engster Kreise oder beim drohenden Strö-

Jürgen Hammer, einer der erfahrensten Flugversuchsingenieure in Europa

mungsabriß infolge zu geringen Vortriebs bringt der Computer das Flugzeug in der Normallage zurück, sorgt automatisch für die notwendige Geschwindigkeit und verhindert, daß die Piloten den Jet überziehen. Ein anderes Beispiel: Bei den Versuchsflügen zur Definition der Mindestgeschwindigkeit für künftige Linienpiloten wird die Steuerbarkeit des Airbus A 320 auch beim Ausfall eines Triebwerks bei minimaler Geschwindigkeit in möglichst niedriger Höhe nachgewiesen. Verhindert werden soll dabei auf alle Fälle, daß der Airbus ins Trudeln gerät oder in einen Spiralflug übergeht. »Das sieht ein bißchen so aus«, wie es einmal Sigrid Schütz, kundige und nur selten um Lösungen verlegene Airbus-Pressesprecherin in Hamburg-Finkenwerder, formulierte, »als trete ein Marathonläufer zum Wettkampf an, obwohl er gerade durch Pest und Cholera gleichzeitig gehandikapt ist.« Doch Kollege Computer ist immer entschlossen, menschliche Irrtümer auszumerzen oder zu überspielen, und reagiert auf jede Herausforderung prompt. Viele Unfälle, die es in der Vergangenheit in der Zivilluftfahrt gegeben hat, sind beim Airbus A 320 ausgeschlossen. Wenn das Flugzeug nicht vergewaltigt wird. Wie schon geschehen ...

Im Airbus A 320, dem ersten vollständig auf Computerbildschirmen entwickelten Verkehrsflugzeug, ist das Hauptmerkmal der elektronischen Integration und Elektroniksteuerung das Fehlen herkömmlicher Steuersäulen. Die alten »Knüppel« sind durch den seitlich angeordneten, bedienungsfreundlicheren Steuerhebel ersetzt worden, der inzwischen als Sidestick zum festen Begriff in der Luftfahrt geworden ist. Selbst der Gigant Boeing, wo über den Sidestick anfangs erhaben gelächelt wurde, zieht inzwischen nach. Ein weiteres wesentliches Charakteristikum sind die sechs Kathodenstrahlröhren. Jede dieser sechs Röhren ersetzt nicht weniger als 35 Instrumente aus früheren Cockpits.

Doch die neue revolutionäre Zauberformel zwischen Himmel und Erde heißt »Fly by wire«. Bei herkömmlichen Flugzeugen wurden Ruder und Klappen seit Jahrzehnten mechanisch über Seilzüge bewegt. Beim Airbus A 320 werden die Steuerbefehle elektrisch gegeben. Was schon in einer Reihe militärischer Jets und im Überschallflugzeug »Concorde« erfolgreich praktiziert worden ist, hat durch den Airbus A 320 auch Eingang in den Luftfahrt-Alltag gefunden. Die Piloten übermitteln ihre Entscheidungen an die Hydraulikzylinder auf elektronischem Wegen. Da mit diesem System auch alle anderen Steuerungen wie Leistungshebel, Trimmung, Landeklappen oder Vorflügel bedient und mit den aktuellen Flugdaten zusammengeführt werden, reduziert sich die faktische Arbeitsleistung der Piloten-Crew deutlich, womit gleichzeitig die Sicherheit erhöht wird. Auch äußere Einflüsse und Störungen wie Blitzschlag, Schäden an den Seilsteuerungssystemen – trotz Redundanz – oder mechanische Blockierungen fallen damit weitgehend aus.

Bei der A 320 wird die gesamte Primärsteuerung um die Nick- und Rollachse – Steigen und Sinken bzw. Rechts- und Linkskurven – sowie die Sekundär- oder Feinsteuerung bei doppelter Redundanz der Komponenten elektrisch übertragen, so daß ein Element für das andere einspringen kann. Es gibt eine treffende Formel: Die Fly by wire-Steuerung bedeutet für die Luftfahrt eine ähnliche Umstellung wie einst die Einführung von Elektronikrechnern anstelle der mechanischen Rechenmaschinen. Und wer will heute noch mit diesen Maschinen arbeiten? Darüberhinaus aber können Seitenruder und Höhenruder kurzfristig auch noch mechanisch gesteuert werden, damit das Flugzeug selbst bei einem Ausfall der gesamten Stromversorgung kontrolliert werden kann, bis sich der Notstromgenerator eingeschaltet hat.

Die Digital-Rechner des Airbus A 320 ermöglichen es aber auch, für jede Flugphase einen optimalen Betriebszustand der Triebwerke zu ermitteln und sofort einzuregeln. Die Rechner bestimmen den jeweils geeigneten Schub und stellen automatisch die Gashebel auf die ideale Treibstoffzufuhr ein, gleich ob es sich dabei um den Start, den Steig- oder den Reiseflug handelt. Das Ganze nennt sich FADEC: Dieses Full Authority Digital Engine Control-System hat sich inzwischen als eine wesentliche Arbeitserleichterung für die Piloten erwiesen. Daß es erheblich zum Treibstoffeinsparen beiträgt, war allerdings wohl das wesentliche Antriebsmoment der Hersteller. Die Arbeitserleichterung für die Crews und die Emissions-Reduzierung waren freundliche Dreingaben.

Fly by wire und Sidestick erleichtern den Piloten die Arbeit, reduzieren Störfaktoren und erhöhen die Sicherheit, ohne daß das den Passagieren bewußt oder von ihnen gar bemerkt wird. Doch die moderne Elektronik trägt auch dazu bei, daß das Leben an Bord für die Passagiere angenehmer wird. Das sogenannte Böen-Kompensationssystem gleicht automatisch so gut wie alle durch Böen oder thermische Einflüsse verursachten Schwankungen aus. Die Querruder reagieren blitzschnell auf Belastungen, die an den Flügeln auftreten, mindern das »Wackeln«, reduzieren Schüttelbewegungen und absorbieren weitgehend den oft gefährlichen Einfluß von Scherwinden vor allem in Bodennähe. Kurzum: Kollege Computer macht das Fliegen ruhiger und somit ein Stückchen angenehmer.

Es gibt noch einen wichtigen Effekt: Nicht nur die Passagiere erleben ein angenehmes Fluggefühl, sondern auch die Struktur des Flugzeuges wird weniger belastet. Auf einen kurzen Nenner gebracht: Die Sicherheit wächst, Passagiere und Flugzeuge werden mehr geschont und pfleglicher behandelt als bislang. Und last not least führt die elektronische Signalübertragung im neuen Airbus A 320 auch zu einer deutlichen Verringerung mechanischer Bauteile. Das bringt nicht nur eine erhebliche Gewichtsreduzierung mit sich, sondern erleichtert darüberhinaus die Wartung erheblich. Das praktische Resultat: Die hohen Wartungskosten werden gesenkt und gleichzeitig wird viel Zeit gespart. Und das gilt sowieso: Time ist money.

Frauen, die den Airbus bauen

Karen Wichern lacht herzlich und unbekümmert: »Anfangs ist es mir schon einige Male passiert, daß man mich für meine eigene Sekretärin gehalten hat. Aber das hat sich im Laufe der Jahre gegeben.« Die 30jährige Hamburgerin gehört zu den 33 Frauen, die bei der »Deutschen Airbus« in eine sogenannte Männerdomäne eingebrochen sind. Über 18000 Beschäftigte zählen die sechs norddeutschen Airbus-Werke. 1238 dieser 18000 sind Ingenieure. Und 33 dieser 1238 sind Frauen. Exakt 2,66 Prozent. »Das ist noch viel zu wenig. Trotzdem sind wir zufrieden. Jedenfalls fürs Erste. Denn Ende der 70er Jahre waren es noch null Prozent«, bestätigt Arbeitsdirektor Hans Ulrich Haensel. Für ihn ist die Suche nach qualifizierten Frauen im Flugzeugbau im doppelten Sinne existentielle Notwendigkeit: »Das ist natürlich vor allem eine gesellschaftspolitische Frage. Das ist aber auch ein demographisches Problem. Wenn es uns angesichts der sich abzeichnenden Bevölkerungsentwicklung nicht gelingt, mehr Frauen als bisher für technische Berufe zu gewinnen, haben wir ganz schlechte Karten.«

Bei der »Deutschen Airbus« wurde das schon vor Jahren begriffen, als diese Werke noch zum Messerschmitt-Bölkow-Blohm-Konzern gehörten. An Schulen und Universitäten wurde gezielt mit einem Faltblatt geworben: »Für uns war Technik noch nie Männersache«. Die Zahl der weiblichen Lehrlinge in den gewerblichen und technischen Berufen – Flugzeugbauer,

Susanne Bartels, Fachfrau am Windkanal

Elektroniker, Betriebsschlosser – ist inzwischen auf acht Prozent gestiegen – beispielhaft in Deutschland. Um Frauen zu helfen, Familie und Beruf miteinander in Einklang bringen zu können, kann der übliche Erziehungsurlaub bis auf zwei Jahre verlängert werden. Die »Deutsche Airbus« gibt sogar eine Wiedereinstellungsgarantie bis zu sieben Jahren. Und bei der Geburt eines zweiten Kindes wird diese Einstellungsgarantie in dieser Zeit sogar auf zehn Jahre verlängert. Gleichzeitig bieten die Airbus-Werke während dieses Erziehungsurlaubs Bildungsveranstaltungen an, damit die betroffenen Frauen beruflich Anschluß halten können. Und wer – während des Erziehungsurlaubs – als Urlaubsvertretung arbeiten will, ist immer willkommen. Und überall wirbt die »Deutsche Airbus« mit der Formel: »Ganz besonders willkommen sind uns Frauen«.

Doch solange an den Technischen Hochschulen Deutschlands nur eine verschwindend kleine Minderheit von Frauen Maschinenbau studiert, bleibt dieser Maxime der durchschlagende Erfolg versagt. Ende der 80er Jahre beispielsweise betrug der Anteil der Studentinnen an den Studienfächern Elektronik und Maschinenbau nur 2,9 bzw. 2,5 Prozent. Und weil die deutschen Flugzeugbauer das inzwischen auch begriffen haben, finden in den oberen Etagen des Unternehmens regelmäßig heiße Auseinandersetzungen über gezielte Förderungsprogramme für Frauen statt, werden sogar Quoten-Regelungen debattiert. »Wir brauchen in den 90er Jahren mehr qualifizierte Ingenieure denn je«, betont Hans Ulrich Haensel, »und deshalb werden wir auch gezielt Stipendien gewähren. Und warum nicht 50 Prozent für Frauen?« Bei den Airbus-Bauern genießt die öffentlich propagierte These »Technik ist auch Frauensache« die vorbehaltlose Unterstützung der Geschäftsführung. Dahinter steckt natürlich auch die Erkenntnis: Die deutsche Industriegesellschaft darf mit Blickrichtung auf den neuen europäischen Markt und auch aufs Jahr 2000 keine geistigen Ressourcen mehr verschenken. Dazu gehört es auch, mehr Frauen als bisher für anspruchsvolle technische Berufe zu gewinnen. Der Anfang ist verheißungsvoll. Die »gewonnenen Frauen« bestätigen, jede auf ihre individuelle Art, die Richtigkeit des einmal eingeschlagenen Weges. Herausfordernd formuliert: Der Airbus ist das modernste Produkt eines neuen Europas. Die »Deutsche Airbus« weist der deutschen Industrie auch neue gesellschaftspolitischen Wege, denn Technik ist vielerorts – bedeutende Unternehmen eingeschlossen – noch vorrangig reine Männersache.

Karin Wichern, die 27jährige Höpke Schlüter aus dem Dithmarschen und die 29jährige Karen Rapp aus Mainz, die entweder Maschinenbau oder Fahrzeugbau studiert haben, berührt diese Diskussion nur noch am Rande. Sie gehören zu der Vorhut jener 33 Ingenieurinnen, die am Airbus arbeiten. Sie fingen zwischen 1985 und 1986 bei Messerschmitt-Bölkow-Blohm (MBB) an und hatten von der Fliegerei im Grunde wenig oder gar keine Ahnung. Genauso wenig wie die 24jährige Diplom-Ingenieurin Su-

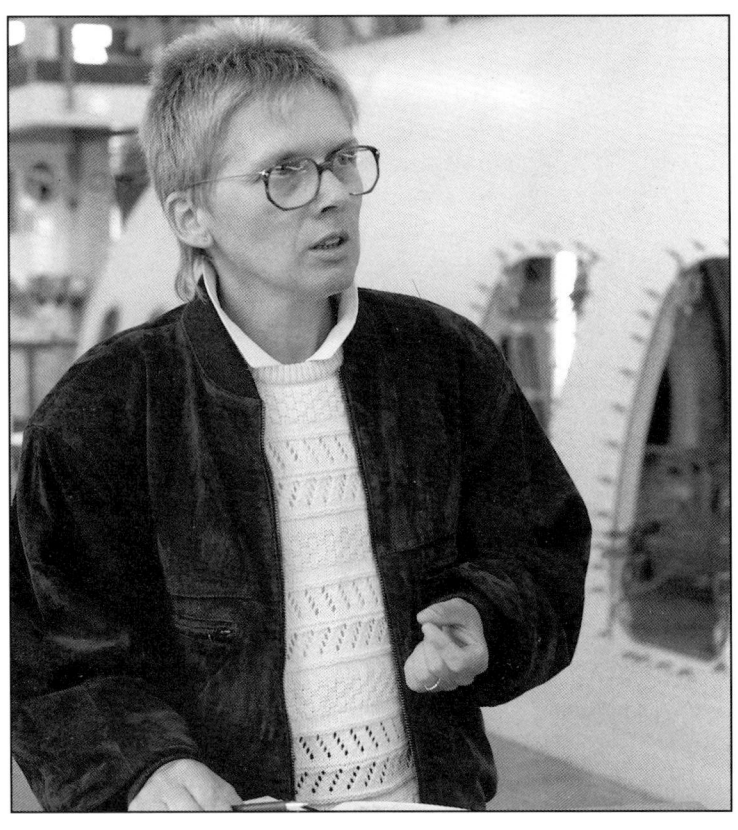

Frauen, die den Airbus bauen: Susanne Feller (links) und Carla Kühn garantieren für Qualität

sanne Bartels aus dem niedersächsischen Buchholz, die heute als Versuchsingenieurin am Windkanal in Bremen beschäftigt ist, die 22jährige Metallflugzeugbauerin Carla Kühn aus Stade oder die 36jährige Diplom-Ingenieurin Susanne Feller, die inzwischen als Abteilungsleiterin für Fertigungsmittel als erste Frau den Sprung ins mittlere Management der »Deutschen Airbus« geschafft hat. Karen Rapp, die in Hannover studiert hat, bringt alles auf den einfachen Nenner: »Eigentlich ging es uns fast allen ähnlich. Wir waren nach unserem Studium einfach erst einmal froh, einen guten Arbeitsplatz zu bekommen.« Und eigentlich alle lebten, wenigstens anfangs, in einer fremden Sphäre: In der festgefügten Männer-Welt der 70er und auch noch der frühen 80er Jahre waren Frauen in der Flugzeugindustrie genauso Fremdkörper wie in der Flugschule der Lufthansa. Trotzdem bestätigt Höpke Schlüter gern: »Wir sind eigentlich sofort überall akzeptiert worden. Ressentiments hat es nie gegeben.« Und deshalb ist es für Karen Rapp und Karen Wichern selbstverständlich, daß Frauen eines Tages auch leitende Funktionen im deutschen Flugzeugbau einnehmen werden: »Da wird es keine Hindernisse geben, das wird in erster Linie eine Frage der Qualifikation sein.«

Da allerdings ist nach wie vor auch Skepsis angebracht. Susanne Feller aus St. Ingbert, die an der Fachhochschule Saarbrücken Maschinenbau studiert und auch eine Lehre als Technische Zeichnerin absolviert hat, weiß, daß ihr in der Airbus-Industrie heute »alle Türen offen stehen«. Susanne Feller hat die schwersten Hürden längst genommen: Als Sachbearbeiterin im Entwicklungsbereich lernte sie den Airbus A 310 buchstäblich von vorn bis hinten kennen – »Ich bewegte mich im ganzen Flugzeug« – arbeitete ein Jahr lang konstruktiv im Vorrichtungsbau, wurde mit den vielen einschlägigen Bodendienstgeräten konfrontiert, um schließlich über den Werksdatenbereich und die modernsten elektronisch gesteuerten Fertigungsverfahren ihren heutigen Arbeitsplatz zu finden. Obwohl Susanne Feller (»Ich fühle mich wirklich nicht als Vorzeigefrau«) erklärt »Ich habe nicht das geringste Problem mit meiner Rolle«, räumt sie freimütig ein:

»Man muß als Frau schon besser sein, um so weit zu kommen. Aber«, und Susanne Feller setzt ein selbstbewußtes Lächeln auf: »Ich habe den unwahrscheinlichen Ehrgeiz, sehr gut zu sein.« Wie sie das, als Mutter von zwei Kindern, geschafft hat? Susanne Feller, die heutzutage vom Airbus-Förderungsprogramm für künftige Führungskräfte profitiert, erklärt es mit wenigen Worten: »Mein Mann hatte keine Probleme, Hausmann zu sein, meine Kollegen haben mir viel geholfen und die oberste Führungsetage steht hinter mir. Das gibt viel Selbstvertrauen.«

Susanne Feller gehört zu den Frauen, die ihren Platz in der Spitze der mächtigen Pyramide »Deutsche Airbus« gefunden haben. Mit Können, Selbstbewußtsein und viel Ehrgeiz. Gleiche Qualitäten zeichnen die 22jährige Metallflugzeugbauerin Carla Kühn aus, die ursprünglich Tischlerin werden wollte – »Was Handfestes sollte es sein, ich wollte auf keinen Fall am Schreibtisch sitzen« –, mit 15 Lenzen Lehrling bei MBB wurde und heute stellvertretende Vorarbeiterin in einem 30köpfigen Team ist. Carla Kühn läßt auf ihre männlichen Kollegen nichts kommen: »Sie sind alle sehr hilfsbereit und haben längst akzeptiert, daß ich meinen Job beherrsche.« Nur anfangs gab es manchmal Schwierigkeiten: »Einige Männer mußten auch erst lernen, daß der Spruch ›Frauen sind zu blöde für Technik‹ aus einer uralten Klamottenkiste stammt und wirklich überholt ist. Es ist sowieso schrecklich, wie dumm sich manche Kerle anstellen, wenn sie die falsche Schraube nehmen und sich dann wundern, daß sie viel zu lang ist und wieder herausgeschraubt werden muß. Und das ist's doch, was am Ende Zeit und Geld kostet. Aber wehe, wenn das eine Frau macht ...« Doch zwischen der Facharbeiterin Carla Kühn, die davon träumt, vielleicht einmal Meisterin zu werden, und der Diplom-Ingenieurin Susanne Feller, die sich durchgesetzt hat, bleiben Unterschiede. Selbst bei der »Deutschen Airbus«. Carla Kühn, die daheim fünf Schwestern und einen Bruder hat, nimmt kein Blatt vor den Mund: »Auch bei uns gibt's Diskrepanzen zwischen dem öffentlich erklärten Bekenntnis zur Weiterbildung und zum Alltag im Betrieb. Wir werden immer noch zu wenig motiviert, uns weiterzubilden. Und wenn man dann schon an einem Computerkurs teilnehmen oder die A 320-Systeme kennenlernen will, sind zu wenig Plätze frei. Das ist immer wieder bedauerlich. Als Ingenieur hat man's da leichter als wir.« Das ist die eine Seite der Medaille. Die andere Seite fordert Carla Kühns Kritik genauso heraus: »Ich finde es immer wieder schade, wenn Mädchen technische Berufe erlernen wollen und dann schon nach einem oder zwei Jahren wieder aufgeben. Mit fünf Mädchen habe ich vor Jahren bei MBB angefangen; ich bin als einzige übrig geblieben.« Das ist symptomatisch für viele deutsche Industrieunternehmen: Nur wenige der ohnehin schon wenigen Mädchen, die für technische Berufe gewonnen werden konnten, bleiben letzten Endes der Branche erhalten.

»Dabei geht es doch jetzt erst richtig los mit dem A 321«, erklärte unisono Susanne Feller und Carla Kühn. Die Flugzeugbauerin aus der niedersächsischen Kleinstadt Stade ist begeistert und bringt es auf den einfachen Nenner: »Wir Hamburger dürfen künftig endlich mal den ganzen Flieger bauen. Das motiviert alle. Und die Arbeitsplätze werden natürlich auch sicherer.« Susanne Feller bekennt freimütig: »Die Identifikation mit dem, was wir bauen, versetzt Berge. Ich hab' mich jedenfalls selten so über eine Entscheidung gefreut wie über den Beschluß, daß die A 321-Endmontage nach Hamburg kommt. Das war seit vielen Jahren die schönste Nachricht für mich.« So wenig die meisten dieser jungen Frauen, die heute Airbusse entwickeln und fertigen, ursprünglich mit der Welt zwischen Himmel und Erde vertraut waren, so sehr haben sich die meisten von ihnen inzwischen mit den kleinen und großen Twinjets identifiziert, die in Toulouse und künftig auch in Hamburg wie am Fließband flugtüchtig werden. Diese Identifikation ist umso größer, je länger sie am Airbus arbeiten. Insofern ist Susanne Bartels, die an der Fachhochschule Wedel nördlich von Hamburg Physikalische Technik studiert hat und erst seit Ende 1989 am Windkanal in Bremen mit zwei anderen Ingenieuren tätig ist, noch eine Ausnahme. Susanne Bartels, die schon auf dem Weg zum Abitur Mathematik und Physik als Leistungskurse belegt hatte, hatte sich zielstrebig um die in Bremen ausgeschriebene Stellung beworben: »Ich bin mehr praktisch orientiert. Bloß keine Schreibtischarbeit!« So ist es gekommen, daß Susanne Bartels auf dem kleinen Umweg über die Strömungstechnik den Weg zur Fliegerei fand. Und übrigens sehr zufrieden ist. »Das Arbeitsklima ist gut, die Arbeit ist interessant und von den Kollegen werde ich akzeptiert.« Letzteres ist logisch: Die junge Diplom-Ingenieurin Susanne Bartels, die natürlich genauso gut in der Schiffahrt ihren Platz gefunden hätte, wird als kundige Kollegin geschätzt. Trotz ihrer Jugend. Das wiederum ist charakteristisch für die deutsche Luftfahrtindustrie: Wo es denn endlich die ersten Ingenieurinnen und Flugzeugbauerin gibt, sind sie mehrheitlich noch erstaunlich jung. Alles fängt einmal an. Vor allem auch deshalb ist erst eine Frau im Management gelandet.

Parallel mit der Identifikationskurve wächst auch das Vertrauen in das Produkt, an dem sie mitarbeiten. »Wenn irgendwo in der Welt ein Flugzeug abgestürzt ist, bin ich heute immer schockiert. Früher hat mich das weniger berührt. Und sofort stelle ich mir heute immer die gleiche Frage: Was für ein Typ? Hoffentlich kein Airbus!« Susanne Feller weiß um die Fragwürdigkeit diese Fragestellung: »Jeder Unfall ist schrecklich, ganz egal mit welchem Flugzeugtyp.« Doch auch das betont die erfahrene Ingenieurin Susanne Feller: »Die Art und Weise, wie wir heute den Airbus fertigen, das alles gibt uns sehr viel Vertrauen und Selbstbewußtsein. Doch die beste Technik kann gar nicht so gut sein, um menschliche Fehler gänzlich auszuschließen.« Carla Kühn pflichtet ihr bei: »Ich vertraue einfach meinen Kollegen, die mit mir am Airbus bauen. Da laß ich auch nichts drauf kommen.« Und dann fügt die temperamentvolle junge Blondine aus dem Alten Land mit Überzeugung hinzu: »Und außerdem ist's ein schönes Flugzeug.« Dem ist wenig hinzuzufügen. Es sei denn der spöttische Satz Carla Kühns: »Ich bin mal mit einer Tupolew-154 nach Bulgarien geflogen. Da merkt man erst, welche ordentliche Arbeit wir leisten. Das sind schon Weltenunterschiede.« Flugzeugbauer sehen andere Flugzeuge mit kritischeren Augen als normale Sterbliche, die meistens froh sind, wenn es nicht »wackelt«, wenn das Mittagessen schmeckt und der Sekt kalt ist.

Es gibt übrigens andere Flugzeugbauer in Bremen und Hamburg, die immer wieder zur grenzenlosen Verzweiflung der Airbus-Manager spöttisch behaupten: »Potthäßlich, was wir da bauen, aber hervorragend.« Über Geschmack läßt sich bekanntlich nicht streiten. Es geht Carla Kühn im übrigen nicht anders als Susanne Feller und den anderen Flugzeugbauerinnen: Unfälle in der Verkehrsluftfahrt registrieren sie mit hellwachen Sinnen und fragen sich auch in stiller Stunde immer wieder nach den eventuellen oder tatsächlichen Gründen. »Und wenn dann von so einem riesigen Seitenleitwerk nur noch ein paar Krümel übrig bleiben und alles kaputt ist, dann ist man schon irgendwie sehr traurig. Man weiß schließlich, wie viel Arbeit da drin steckt.« Carla Kühn darf das sagen. Carla Kühn ist vornehmlich am Rumpf tätig.

Symptomatisch für alle diese jungen Flugzeugbauerinnen, Elektronikerinnen oder Ingenieurinnen aber ist, daß sich im Grunde nicht eine einzige als Frauenrechtlerin im gesellschaftspolitischen Sinne, als Feministin oder als Vorkämpferin einer wie auch immer verstandenen Emanzipation fühlt. Höpke Schlüter sagt es mit einem klaren Satz: »Ich glaube, die beste Emanzipation ist es, so einen Beruf zu ergreifen, wie wir es getan haben.« Susanne Feller, eine engagierte Umweltschützerin, die sich über ihren ökologischen Bemühungen allerdings nicht in eine weltfremde Don Quichotte-Rolle drängen läßt und die immer wieder die schwierige Gratwanderung wagt zwischen den Ansprüchen einer industrialisierten Gesellschaft und der Notwendigkeit, die Natur zu erhalten und sogar zu reaktivieren, erklärt unmißverständlich: »Bloß keine Quotenregelung in unserer Industrie. Das hilft keiner einzigen Frau und schadet unserem Unternehmen. Wer wirklich vorwärts kommen will, hat bei uns auch alle Chancen. Ich wäre als Mann nicht weitergekommen als bis dort, wo ich jetzt stehe.« Carla Kühn spricht aus, was eigentlich alle denken: »Quotenregelung ist bei uns unmöglich. Wer was kann, hat in der Flugzeugindustrie 'ne Menge Möglichkeiten.«

Daß die meisten Frauen, die so engagiert den Airbus A 320 bauen, von berufs wegen noch nie mit diesem Twinjet geflogen sind, von dem sie natürlich viel mehr verstehen als 99 Prozent aller Passagiere, gehört zum Alltag in Hamburg-Finkenwerder und den anderen norddeutschen Airbus-Werken. Karin Wicherns herzliches Lachen steckt an: »Bislang war ich nur normaler Passagier. Aber das ist wohl nur Zufall. Andere waren schon dutzende Male in Toulouse. Das wird sich alles ändern. Wir bauen ja mittlerweile genug Flugzeuge.«

Majestätischer Anblick über den Pyrenäen

Zwei erfolgreiche Geschwister: der »kleine Airbus« und sein großer Bruder A 310

Indian Airlines entschied sich für das leistungsstarke V 2500-Triebwerk

Einer von hundert: A 320 der amerikanischen Nobelgesellschaft Northwest

Einsatz bei Schnee und Eis in Kanada

Das ist die Zukunft: Der Airbus A 321 wird in Hamburg gebaut

Ein historisches Datum: 2. März 1990

Die deutschen Flugzeugbauer, die sich 20 Jahre lang manchmal wie bessere Blechschneider für die immer stärker expandierende europäische Airbus-Industrie gefühlt haben, sind (fast) am Ziel ihrer Träume und Wünsche angelangt: Nach schier endlosen, zermürbenden Verhandlungen – und neuerdings mit der mächtigen Mutter Daimler-Benz im Hintergrund – blinkt endlich grünes Licht für die Endmontage des zweistrahligen Airbus A 321 auf der einstigen Fischer-Halbinsel Finkenwerder in Hamburg. Der »Jet der Zukunft«, wie die 44,51 Meter lange, verbesserte und vergrößerte Version des Verkaufsschlagers A 320 gern tituliert wird, wird in Hamburg flügge werden. Endlich gibt der Aufsichtsrat sein hart umkämpftes Ja-Wort. In Toulouse streiken zur gleichen Stunde französische Flugzeugbauer. Der europäische Gedanke zündet nicht überall.

Endlich fühlen sich die deutschen Flugzeugbauer als gleichberechtigte Partner in Europa. Und jedermann in der Branche weiß, daß dieser neue Jet, der eine Reichweite von 4500 Kilometer haben und 186 Passagieren Platz bieten wird, sogar alle Aussichten hat, der ganz große Erfolg der Europäer bis ins nächste Jahrtausend hinein zu werden. Schon jetzt – am Tag der Entscheidung für den deutschen Partner in Hamburg – liegen 109 Bestellungen und 74 Optionen für den Airbus A 321 vor – mehr Kaufverpflichtungen als bei irgendeinem anderen Flugzeug zum gleichen Zeitpunkt seiner Entwicklung.

Jubel nicht nur an der Elbe

Allein die Lufthansa steht mit 20 Festbestellungen und 20 Optionen zu Buche und hat damit wichtige Signale gesetzt.
Der Airbus A 321 verspricht, das modernste Flugzeug der Gegenwart zu werden. Doch er wird nicht der erste zivile Jet, der auf deutschem Boden flügge geworden ist. Deutsche Flugzeugbauer haben nach dem Zweiten Weltkrieg wiederholt versucht, zivile Jets zu entwickeln, zu bauen und zu verkaufen und damit an die große Tradition der deutschen Luftfahrtindustrie anzuknüpfen, die bis in die 20er Jahre zurückreicht. Versuche dieser Art hat es nicht nur im Westen, sondern bemerkenswerterweise auch im Osten gegeben. Im Osten, was heute fast vergessen ist, sogar noch früher als in der Bundesrepublik: Die vierstrahlige 32,6 Meter lange »B 152«, von Professor Brunolf Baade und seinem sowjetischen Kollegen Bonin entwickelt, hob am 4. Dezember 1958 in Dresden zum Jungfernflug ab. Doch diesem ersten zivilen deutschen Düsenverkehrsflugzeug, das eine Spannweite von 36,4 Metern hatte, immerhin eine Höchstgeschwindigkeit von 920 Stundenkilometern erreichte und maximal 73 Passagieren Platz bot, war kein Glück beschieden. Der Prototyp stürzte ab.
Die Hoffnung Professor Baades, des früheren Chef-Konstrukteurs der legendären Dessauer Junkers-Werke, auf eine florierende Flugzeug-Industrie in Dresden-Klotzsche erfüllte sich nicht. 80 Flugzeuge sollten gebaut werden; schon 1962 sollte der erste Jet an die Interflug der DDR ausgeliefert werden, die sich damals auch noch Lufthansa nannte. Nichts wurde daraus. Es haperte an allen Ecken und Enden, an Materialien und Maschinen. Schließlich wurde den

DDR-Flugzeugbauern unmißverständlich klargemacht, daß im Rahmen der »sozialistischen Arbeitsteilung« die Flugzeugproduktion ausschließlich Sache der Sowjets sei. In den Dresdener Flugzeughallen wurden Landmaschinen, Schaltschränke, Antennen und Konsumgüter produziert. Und viele Ingenieure und Facharbeiter fanden Arbeit in der sich zögernd entwickelnden Flugzeug-Industrie der Bundesrepublik. Vor allem in München.

Bei der Hamburger Flugzeugbau GmbH in Finkenwerder, die später im Luft- und Raumfahrt-Konzern MBB aufging und die heute das Zentrum der deutschen Airbus Industrie ist, hob am 21. April 1964 der HFB 320 Hansa Jet zum Jungfernflug ab, das erste deutsche Geschäftsreiseflugzeug mit Strahlantrieb. Der zweistrahlige Jet, der 820 Stundenkilometer schnell war, zwölf Passagieren Platz bot und eine Reichweite von 1460 Kilometern hatte, wurde zwar noch kein wirtschaftlicher Erfolg, bestätigte aber, daß deutsche Flugzeugbauer ihr Handwerk nicht verlernt hatten. Immerhin wurden letzten Endes doch 47 Hansa Jets gebaut, von denen heute immerhin noch 30 im Dienst sind. Auffallendstes äußeres Merkmal dieses kleinen Flugzeuges waren die vorgepfeilten Flügel, die später wiederholt auch von amerikanischen Konstrukteuren nachgeahmt wurden.

Ein großer Wurf gelang 1971 den Vereinigten Flugtechnischen Werken in Bremen, die heute ebenfalls Bestandteil der Airbus Industrie sind, mit dem zweistrahligen Kurzstrecken-Verkehrsflugzeug VFW 614 für 44 Passagiere. Unter der Führung von Chefkonstrukteur Rolf Stüssel, dem späteren Ingenieur-Direktor der Lufthansa, entwickelte ein junges Team ideenreicher und tatkräftiger Flugzeugbauer diesen 20,60 Meter langen Jet. Der Erstflug fand am 14. Juni 1971 auf dem Neuenlander Feld in Bremen statt. Doch die hochgespannten Verkaufserwartungen im deutsch-niederländischen Konzern VFW-Fokker erfüllten sich nicht: Erstens wollten die Niederländer lieber ihre bewährten Fokker F 27 und F 28 verkaufen. Und zweitens fehlte den Deutschen damals noch ein modernes Vertriebssystem in Nordamerika, wie es heute das Airbus-Konsortium hat. Zwar gewannen die Bremer die Ausschreibung der US-Coast Guard für 41 Flugzeuge, aber die amerikanische Politiker-Lobby verhinderte mit drakonischen Maßnahmen und unter Berufung auf uralte Gesetze den Verkauf auf dem nordamerikanischen Markt, der der VFW 614 weltweit zum Durchbruch verholfen hätte. So wurden am Ende nur 23 Flugzeuge produziert, von denen 19 auch tatsächlich flogen. Vier davon sind noch heute im Einsatz, drei bei der Bonner Flugbereitschaft, eins als Versuchsflugzeug.

Eines aber wurde mit der VFW 614 doch erreicht: Mit der Entwicklung und mit dem Bau dieses Jets war eine neue qualifizierte Generation von Flugzeugbauern in Deutschland herangewachsen. Viele dieser jungen Ingenieure der 60er und 70er Jahre sitzen heute an den Schalthebeln der europäischen Flugzeug-Industrie oder sind renommierte Professoren und Hochschullehrer an den Technischen Universitäten der Bundesrepublik. Und Rolf Stüssel erklärt noch heute, 20 Jahre später: »Wir waren damals unserer Zeit um 15 Jahre voraus. Vielleicht war das sogar unser größter Fehler.« Immerhin, einer der jungen Ingenieure aus seinem Bremer Team war damals Hartmut Mehdorn. Der 48jährige Flugzeugbauer, der viele Jahre lang im europäischen Airbus-Zentrum Toulouse als Programm-Direktor erfolgreich tätig war, ist nun Chef der »Deutschen Airbus«, die künftig für den Airbus A 321 in Hamburg-Finkenwerder verantwortlich sein wird. So schließt sich der Kreis. Doch der Kreis derer, die mit Rolf Stüssel die VFW 614 in den Himmel brachten und in den 90er Jahren verantwortlich in der deutschen Luftfahrt-Industrie tätig sind, ist größer.

Udo Dräger gehört zu ihnen. Er leitete jahrelang das MBB-Werk in Speyer. Jetzt ist er verantwortlich für den Bau der Super Guppy-Nachfolger SAT. Hinter diesem Kürzel verbirgt sich der Super Airbus Transporter, der mit 40 bis 45 Tonnen fast die doppelte Nutzlast einer alten Super Guppy aufnehmen soll. Diese SAT – »Delphin« haben die Flieger das neue »Großmaul« schon getauft – werden auf der Basis der bewährten A 300–600 R gebaut. Auch Jürgen Thomas war einer der Männer aus dem ideenreichen VFW-Team. Einst Chef des MPC-75-Projektes, sind heute leistungsfähige Regionalflugzeuge einer neuen Generation sein genauso interessanter wie schwieriger Job.

Narrow Body-Zentrum der Zukunft in Hamburg?

Der 21. April 1990 steht mit kräftigen Lettern in der Chronik der europäischen Flugzeugbauer. 50 Tage nach der hart umkämpften Entscheidung der Airbus Industrie, die Endmontage der A 321 in Hamburg-Finkenwerder durchzuführen, wird endgültig ein neuer Partner gewonnen, der jahrelang nur nach Amerika geblickt hatte. Fausto Cereti, der Vorstandschef von Aeritalia, und Airbus-Boß Jean Pierson setzen in Neapel ihre Unterschriften unter einen Vertrag, der die Boeing-Manager in Seattle aufstöhnen läßt: Die italienischen Flugzeugwerke, die seit Jahrzehnten eng mit den US-Flugzeugbauern kooperiert haben, entwickeln und fertigen eine der neuen Rumpfsektionen für den »Jet des 21. Jahrhunderts«. Die erste Direktbeteiligung von Aeritalia am Airbus-Programm ist besiegelt. Die mutige Initiative der Airbus Industrie vom November 1989, neue Partner für die Fertigung zu suchen und die Programmfinanzierung auf dem freien Markt zu bewältigen, trug schneller als erwartet Früchte: Aeritalia wurde für die vordere neue Rumpfsektion des Airbus A 321, die einen Durchmesser von 4 Metern und eine Länge von 4,3 Metern hat und die in Neapel gefertigt werden wird, verpflichtet und British Aerospace für die neue Heck-Sektion. Aeritalia, die schon seit 1982 im Unterauftrag Rumpfheck-Spitzen für die Wide Body-Jets A 300 und A 310 herstellt, war damit erstmals als direkter Partner fürs Airbus-Programm gewonnen worden.

Nicht das relativ bescheidene Volumen des Vertrages – 100 Millionen US-Dollar in zehn Jahren – war wichtig. Wesentlich war die weitere »Europäisierung« des ganzen Programms. Fausto Cereti ließ keine Zweifel darüber aufkommen, worum es Aeritalia geht: »Unser Beitrag zur immer erfolgreicheren Airbus-Familie erfüllt unseren Wunsch, Produzent von Großbauteilen für alle größeren Flugzeughersteller in der ganzen Welt zu werden.« Da paßte die A 321 den Italienern hervorragend ins Konzept. Getreu dem Motto: Bloß nicht den Anschluß verlieren, vor allem nicht in Europa. Jean Pierson gab sich als perfekter Diplomat: »Die Airbus Industrie hat schon immer auf die europäische Zusammenarbeit gesetzt.«

Daß die italienische Fluggesellschaft Alitalia schon am 13. Dezember 1989 als erste Fluggesellschaft überhaupt ihren Kaufvertrag über 20 A 321 – plus 20 Optionen – unterschrieben hatte, paßte da gut ins Bild: Der Kundenkreis für die A 321, die ein direkter technologisch allerdings viel weiter entwickelter Konkurrent des zweistrahligen US-Jets Boeing-757 zu werden verspricht, wächst rapide. Schon im Frühsommer 1990 lagen 195 Kaufverpflichtungen für dieses Flugzeug vor, das erst im Frühjahr 1993 zum Jungfernflug auf dem großzügig erneuerten und radikal vergrößerten Werks-Flugplatz von Finkenwerder abheben wird. Airbus-Vorsitzender Hartmut Mehdorn ist mutig: »Der Erstflug findet am 15. April 1993 statt – jedenfalls keinen Tag später.«

Für Hartmut Mehdorn und seine Mitstreiter verbindet sich mit dem Airbus A 321 eine gigantische Aufgabe: Die Hansestadt Hamburg, in den 80er Jahren dank der Lufthansa-Werft – Werbe-Jargon: »Hamburgs größte Werft steht auf dem Trockenen« – und der »Deutschen Airbus« ohnehin schon in den Kreis der großen Metropolen der Luftfahrtindustrie in der Welt neben dem amerikanischen Seattle aufgestiegen, wird zur Geburtsstätte eines Flugzeuges, dem sich der Markt wie kaum einem anderen Jet öffnen wird. Oder um noch einmal dem Ingenieur-Direktor der Deutschen Lufthansa, Rolf Stüssel, das Wort zu geben: »Dieses Flugzeug hat eine ganz große Zukunft, weil es den neuesten Erkenntnissen der Luftfahrttechnik entspricht und die ideale Weiterentwicklung vom A 320 ist.« Daß sich die Lufthansa wie keine zweite Fluggesellschaft für diesen Jet stark macht, auch wenn sie nicht so schnell wie Alitalia unterschrieben hatte, ist bei dieser Aussage nur noch logisch. Unbestritten ist inzwischen: Wo der Airbus A 320 noch Neuland erobern mußte, stürmt die A 321 auf einen gesicherten Markt. Wo die A 320 Einführungsprobleme hatte, blicken die Hersteller bei der A 321 schon auf die Erfahrung von Hunderttausenden von Flugstunden zurück. »Jedes neue Flugzeug hat seine Kinderkrankheiten«, doziert Hartmut Mehdorn, »aber die Kinderkrankheiten der A 320 werden bei der A 321 nicht noch einmal auftreten. Dafür garantieren wir.« Damit sind viele Kritiken angesprochen: Die oft störenden Innengeräusche beim Airbus A 320 beispielsweise konnten weder im Computer noch im Mockup beseitigt werden. Das war nur in der Praxis nach der Devise nachvollziehbar: Vom 100. Airbus A 320 an wird's auch an Bord endlich leise. Irritierende Computer-Informationen im Cockpit wurden Schritt für Schritt ausgemerzt. »Man muß es uns einfach glauben«, so Hartmut Mehdorn, »wir sind jeder, auch der kleinsten und auf den ersten Blick vielleicht nebensächlich wirkenden Kritik nachgegangen. Unsere Ingenieure haben mehr geschimpft als jeder Pilot.« Aber auch das steht unverrückbar fest: Von der ersten Auslieferung des ersten Airbus A 320 bis zum monatlichen Hochlauf auf fünf dieser Twinjets vergingen nur zwölf Monate – das war im besten Sinne »amerikanisches Format«.

Von diesen schweren und oft nervenstrapazierenden Lernprozessen und Anfangsschwierigkeiten bei der A 320 wird die »Deutsche Airbus« profitieren. Getreu der Industrie-Weisheit: Jede verlängerte Version muß einfach besser sein als das Vorgänger-Modell. Mehdorn: »Sonst brauchen wir damit gar nicht erst anzufangen. Dann haben wir unseren Beruf verfehlt.« Mit anderen Worten: Mit dem Twinjet A 321 beginnt ein ganz neues Kapitel europäischer Flugzeugproduktion auf deutschem Boden. Die Entscheidung, die Endmontage des Airbus A 321 in Hamburg durchzuführen, hat – auf lange Sicht gesehen – vielfältige und unabsehbare Konsequenzen, die in ihrer Tragweite weder in Toulouse noch in Hamburg in vollem Umfang erkannt worden sind. Das beginnt beim – umstrittenen, aber immer wieder mit Verve verteidigten – Transport der vielen sperrigen Einzelteile durch die schon legendenverklärte Super Guppy. Der Airbus A 321 braucht keine Super Guppy mehr. Die Flügel aus England können einfacher auf Schiffen nach Hamburg gebracht werden; dieses Transportsystem schloß sich bislang im Airbus-Programm aus. In England und in Hamburg wird bereits überlegt, eigene regelmäßig verkehrende Fährschiffe einzusetzen. Mehdorn: »Warum nicht zwei ›Kümos‹ für die Tragflächen anschaffen?« Und alle übrigen Einzelteile werden auf dem Land zur Endmontage nach Finkenwerder gebracht.

Wegen der A 321 brannte deshalb auch der Airbus Industrie die Diskussion um neue größere Super Guppies nicht auf den Nägeln. Wenn sie jetzt trotzdem als Super Airbus Transporter (SAT) auf der Basis des Airbus A 300–600 R gebaut und schon ab 1995 ausgeliefert werden sollen – vorgesehen sind erst einmal vier »Delphine«; möglicherweise werden daraus eines Tages sogar acht – dann wegen der neuen Jets A 330 und A 340 mit ihren gewaltigen Tragflügelmittelkästen. Sogar an den Einsatz des 69,50 Meter langen sowjetischen Riesen »Ruslan«, der die stolze Spannweite von 73,30 Metern hat und 150 000 Kilo Nutzlast aufnehmen kann, war gedacht worden. Doch diese Idee wurde wieder verworfen.

Wichtiger für den Airbus-Standort Hamburg sind andere Entwicklungen, die neue Dimensionen garantieren. Die alte Landebahn ist bereits verlängert worden – vorrangig wegen der Airbus-Langstreckenflugzeuge – und die neue Otto-Lilienthal-Halle in Finkenwerder signalisiert unübersehbar den Anbruch der A 321-Ära. Erstflüge neuer Jets, die bislang nur in Toulouse stattfanden, werden künftig auch an der Elbe buchstäblich alltäglich werden: Zehn bis zwölf Twinjets werden Mitte der 90er Jahre monatlich flügge werden. Dazu kommen Einführungsflüge für die Kundschaft, Einweisungsflüge für die Piloten der Airlines, die sich zum Airbus A 321 bekannt haben. Neue Elektronik-Firmen, Unternehmen der Reifen- und Triebwerks-Branche werden sich im Umfeld von Finkenwerder ansiedeln oder ihre Aktivitäten in Hamburg verstärken; auch das Luftfahrt-Bundesamt und die französischen Luftfahrtbehörden werden zwangsläufig dem deutschen Airbus-Zentrum verstärkte Aufmerksamkeit zuwenden und eigene Filialen aufbauen. Die »Deutsche Airbus« baut schon jetzt ein eigenes Zentrallager an der Elbe auf und betreibt bereits eine der größten Großrechneranlagen in Mitteleuropa. »Wir werden verstärkt mit der Lufthansa kooperieren«, erklärt Hartmut Mehdorn – auch eine enge Zusammenarbeit mit der Verkehrsfliegerschule der Deutschen Lufthansa in Bremen, der führenden Institution dieser Art in der Welt, ist vorgesehen. »Doch wir werden auf keinen Fall ein neues Flight Test-Zentrum a la Toulouse in Hamburg aufziehen. Das ist nicht notwendig und das lohnt sich auch wirklich nicht. Ein Flight Test-Zentrum für die Airbus Industrie in Europa genügt völlig.«

Ulrich Heider, verantwortlicher Technik-Chef im Airbus-Standort Hamburg, definiert die neue bedeutungsvollere Rolle Finkenwerders mit einer klaren Prognose: »Bei der bisherigen Arbeitsteilung im Airbus-Konsortium haben wir oft die Flugzeuge erst einmal flugfertig gemacht. Und wenn sie dann nach Hamburg überführt waren, mußten wir sie in ganz wesentlichen Teilen – nicht nur in der Kabine, sondern mit tiefen Eingriffen in die Systeme – wieder auseinandernehmen und nach dem jeweiligen Kunden-

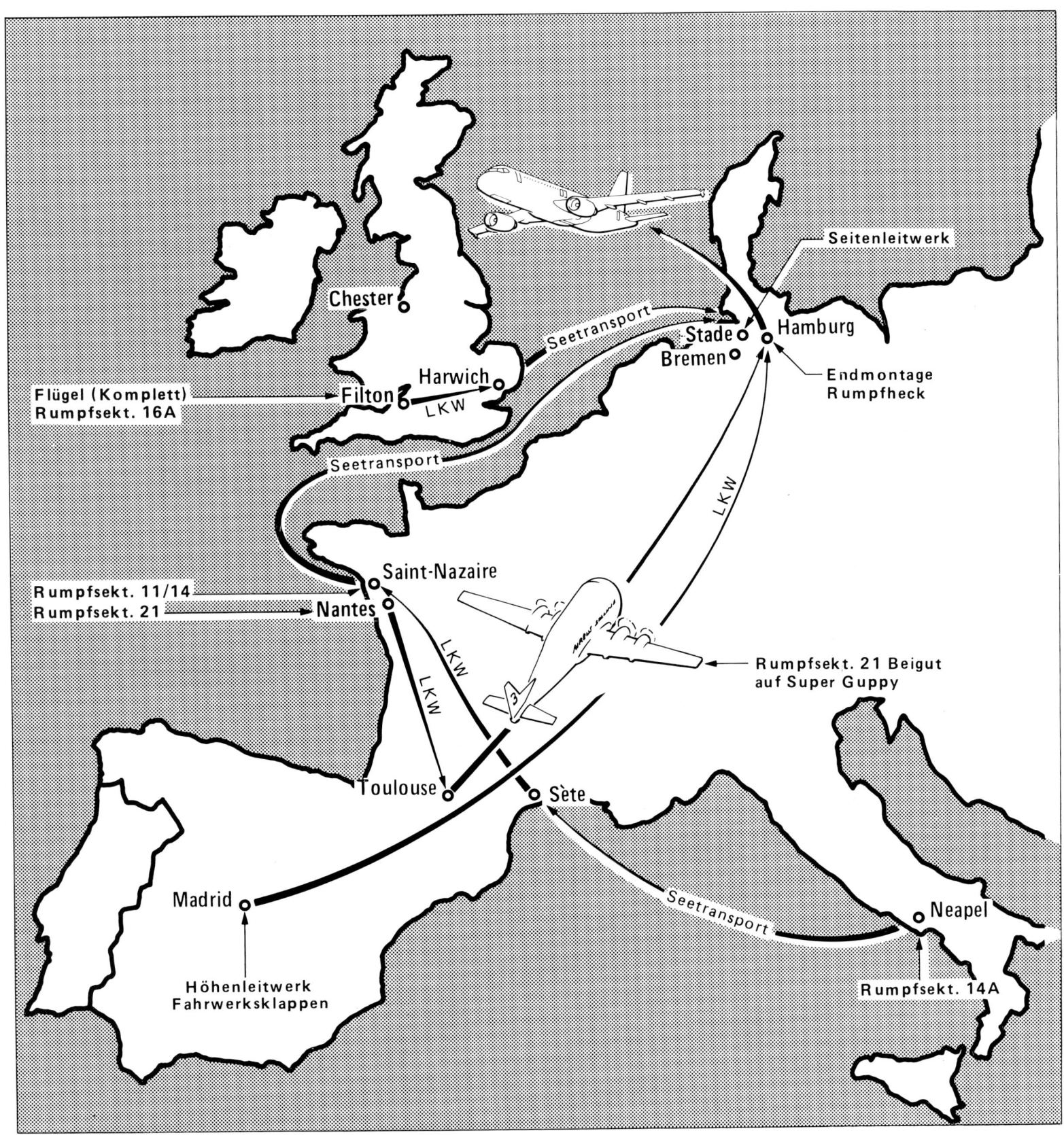

Veränderte Transportwege beim A 321-Programm

wunsch neu aufbauen. Wir hören jetzt damit auf, das Flugzeug an einigen Stellen zweimal zu bauen. Wir verändern den Prozeß so, daß viele Arbeiten parallel stattfinden. Das reduziert die Mittelbindung und senkt die Transportkosten.« Und erleichtert den Flug in die Schwarzen Zahlen, die Vorstandsvorsitzender Jürgen Schrempp von der Deutschen Aerospace auf der ILA 90 in Hannover-Langenhagen so nachdrücklich auch von der »Deutschen Airbus« gefordert hat. Was als gelungener Gag gefeiert wurde, ist Maxime für DASA-Boß Jürgen Schrempp: »Wenn unser Freund Hartmut Mehdorn im nächsten Jahr keine Schwarzen Zahlen bringt, dann wird er gefeuert.« Hartmut Mehdorn läßt diese Drohung kalt: »Das Airbus-Programm wird ab 1991 Geld verdienen, gutes Geld sogar. Und je mehr Flugzeuge wir in Hamburg-Finkenwerder in die Luft schicken, desto eher sind wir im Plus.« Es gibt eine einfache Formel für die europäischen Flugzeugbauer und diese Formel gilt ganz besonders für die Produktion der Narrow Body-Jets: Die Verdoppelung der Produktion gibt die Chance, im Verkaufspreis um 20 Prozent billiger zu werden. Hartmut Mehdorn: »Anders geht das nicht. Wenn wir nur drei oder vier Flugzeuge im Monat bauen, diktieren die Amerikaner uns die Preise, wie sie wollen.«

Männer wie Mehdorn und Heider geht es immer wieder darum, in eigener Verantwortung Flugzeuge zu bauen, mit diesem Prozeß endlich aus der jahrzehntelangen ungeliebten Rolle des »blechschneidenden Zulieferers« herauszutreten und bei der Entwicklung und der Fertigung der Flugzeuge eigene technisch-industrielle Erfahrungen zu sammeln. »Ich erwarte einen ganz erheblichen Motivationsschub in der ganzen Organisation, wenn wir das Flugzeug hier in Hamburg auch zusammenbauen und auf der Systemseite zum Leben bringen«, betont Ulrich Heider. »Ich bin auch davon überzeugt, daß wir zu einer besseren Zusammenarbeit mit Aerospatiale in Frankreich kommen werden. Das ergibt sich aus der vertieften Kenntnis der Anforderungen.« Das ist charakteristisch für viele Airbus-Manager: Immer wieder über den

Die neue Otto Lilienthal-Halle in Hamburg-Finkenwerder im Bau

Weg der Kooperation am »europäischen Airbus« bauen und trotzdem Selbständigkeit und Verantwortung im Interesse des ganzen Projektes gewinnen. Noch einmal Ulrich Heider: »Die Entscheidung von Airbus Industrie, die Endlinie für die A 321 nach Hamburg geben, hat drei besonders wichtige Aspekte: Nämlich die strategische Bedeutung, die Frage der Wirtschaftlichkeit sowie

drittens die Motivation.« Die strategische Bedeutung ist mit einem Satz definiert: »Wir wollen uns nicht auf die Fertigung von Komponenten beschränken, sondern uns mit kompletten Flugzeugen beschäftigen.«

Wozu motivierte Kräfte fähig sind, hat das harte, aber bis zuletzt faire Duell zwischen der Britischen Aerospace und der »Deutschen Airbus« um die wirtschaftlich-technisch beste Lösung der Flügel- und Klappenänderungen für den Airbus A 321 bewiesen, das von den deutschen Ingenieuren gewonnen wurde. Nachdem die Triebwerkskonsortien IAE und CFM eine Schuberhöhung ihrer Motoren von 15 Prozent versprochen hatten und das Abfluggewicht der A 321 von 73,5 auf 82,2 Tonnen erhöht worden war, um 186 Passagieren Platz zu verschaffen, war die notwendige Landegeschwindigkeit von 140 Knoten »ohne Verbesserung der aerodynamischen Flügelkapazität nicht erreichbar«, wie Bernd Haftmann, der Leiter der Flugphysik, erläuterte. Die Konsequenz war ei-

Die elitäre Swissair orderte 52 »Kleine Airbusse« – der größte Auftrag der eidgenössischen Fluggesellschaft in ihrer 60jährigen Geschichte. Die Begründung der Swissair: »Beide Airbus-Typen sind besonders umweltschonend und lärmarm. Sie sind somit eine wesentliche Verbesserung gegenüber der MD-81.« McDonnell Douglas verlor das Duell gegen Airbus! Die zweite Maxime der Swissair: »Wir haben uns bewußt für ein europäisches Produkt entschieden.«

ne Änderung des Klappensystems: Der Airbus A 321 erhält anstelle der herkömmlichen Fowlerklappe eine sogenannte Doppelspaltklappe mit einem um rund 10 Prozent höheren Maximalauftrieb. Das war die Theorie. Sie in die Praxis umzusetzen, war die gestellte schwierige Aufgabe für die deutschen und englischen Ingenieure und Aerodynamiker. Es ging wieder einmal um das optimale Verhältnis von Auftrieb zu Widerstand für das höhere Abfluggewicht. Nur mit Hilfe modernster Rechenverfahren konnten nach der exakten Definition der Klappensystem-Geometrie die Anforderungen der Aerodynamik in ein entsprechendes Antriebssystem umgesetzt werden; die Elastizität des Flügels war dabei eine der wesentlichen Komponenten. Parallel dazu wurden in der Modellwerkstatt im Airbus-Werk Varel entsprechende Hoch- und Niedriggeschwindigkeitsmodelle geschaffen, die in Windkanälen der »Deutschen Airbus« und im englischen Redford untersucht wurden. Ausschlaggebend war am Ende, daß die deutsche Seite eine vorteilhafte Lösung für die Unterbringung des Drehwellenantriebssystems für die Hauptklappe fand, die auch von der britischen Seite akzeptiert wurde.

Erfahrung und Motivation waren – wieder einmal – die wichtigsten Faktoren gewesen. Ein Jahr Forschungsarbeit hatte sich bewährt – für den neuen Twinjet, der schon jetzt von vielen Mitarbeitern in den sechs norddeutschen Werken gern als der »deutsche Airbus« apostrophiert wird, auch wenn das in Toulouse nicht gern gehört wird. Was macht's am Ende. Jeder zweite Franzose ist andererseits der Ansicht, der Airbus sei ein französisches Flugzeug. »Das bißchen Rivalität schadet nicht«, behauptet Hartmut Mehdorn. »Das müssen wir aushalten.« Er selbst trägt sowieso auf vielen Schultern: In Toulouse war er Produktionsdirektor fürs ganze Airbus-Familienprogramm, in Hamburg muß er als Chef der »Deutschen Airbus« die deutschen Interessen wahren, was ihm zum Mißvergnügen mancher Franzosen bislang vorzüglich gelungen ist. Und im übrigen ist er mit einer Französin verheiratet und hat drei Kinder, die in Frankreich studieren.

Die Zukunft des Airbus A 321 ist jedenfalls gesichert. Und das natürlich nicht wegen der französischen Frau Hartmut Mehdorns. Dafür bürgen nicht nur die Europäer, sondern besonders auch die Amerikaner. Die Airbus Industrie baut darauf: Wer sich für den »kleinen Airbus« A 320 entschieden hat – das sind immerhin schon 28 Airlines – wird eines Tages auch die A 321 fliegen. Daß der Airbus A 320 weniger Treibstoff verbraucht als Twinjets vergleichbarer Größe und Leistungsfähigkeit, das hat die führenden US-Fluggesellschaften zwar beeindruckt, aber (noch) keine Revolution ausgelöst. Daß aber der Airbus A 320 das strenge Zulassungsverfahren für den berühmten John Wayne-Flughafen im kalifornischen Orange County bestanden hat und künftig auf diesem Airport mit den mit Abstand strengsten Lärmschutzauflagen landen und starten darf, das hat vor allem die amerikanischen Hersteller Boeing und McDonnell Douglas verblüfft. Denn ehern gilt in der Welt der Fliegerei: Wer in Orange County zugelassen wird, darf überall in der Welt landen und setzt Signale. Diese Genehmigung ist ein wertvoller Bonus für die Airbus Industrie in Nordamerika; dieser Bonus gilt schon jetzt auch für den Airbus A 321, von dem eines Tages mutmaßlich mehr Exemplare verkauft werden als von der A 320. Schon deshalb spricht alles dafür, eines Tages in einer gemeinsamen Endmontagelinie in Hamburg beide Twinjets zu fertigen. Wenn Mitte der 90er Jahre monatlich 10 bis 12 Wide Body-Jets und ein Dutzend kleinere Twinjets beider Versionen flügge werden, dann spricht nicht viel dagegen, auch die Endmontage der A 320 in der Heimat Gorch Focks in Hamburg-Finkenwerder durchzuführen. Viele Fachleute in Toulouse halten diese Entwicklung für logisch und selbstverständlich. Und dazu gehören auch viele Franzosen.

	A320	A321
Triebwerke		
CFM International	2 CFM56–5A1 oder	2 CFM56–5B2 oder
	2 V2500–A1	2 V2500–A5
IAE Startschub	2×11 to	2×13,3 to
Passagiersitze	150/164	186/200
Mixed Class / All Economy		
Cockpit-Besatzung	2	2
Maße und Gewichte		
Flügelfläche	122,4 m²	126 m²
Spannweite	33,91 m	33,91 m
Streckung	9,39	9,39
Länge	37,57 m	44,51 m
Höhe	11,76 m	11,76 m
Rumpfdurchmesser	3,95 m	3,95 m
Kabinenbreite	3,70 m	3,70 m
Kabinenhöhe	2,13 m	2,13 m
Frachtraum		
vorne	13,28 m³	18,40 m³
hinten	18,26 m³	18,40 m³
Bulk	7,22 m³	5,90 m²
Leergewicht	36 600 kg	41 600 kg
Abfluggewicht	73 500 kg	82 200 kg
max. Landegewicht	64 500 kg	73 000 kg
max. Nutzlast	17 750 kg	23 300 kg
max. Frachtzuladung	9450 kg	12 800 kg
Kraftstoff-Kapazität	23 950 l	23 950 l
Flugleistungen		
Reisegeschwindigkeit	807 km/h	828 km/h
Startgeschwindigkeit	259 km/h	278 km/h
Startstrecke	2190 m	2175 m
Landegeschwindigkeit	254 km/h	259 km/h
Landestrecke	1500 m	1570 m
Reichweite mit voller Kabine	5500 km	4260 km
max. Dienstgipfelhöhe	11 900 m	11 900 m

Anmerkung: Die in der Tabelle aufgeführten Werte für Passagierzahl, Gewichte und Leistungen sind Mittelwerte. Sie können sich von Airline zu Airline leicht verschieben. Dies gilt besonders für die Bestuhlung. Start- und Landestrecken sowie Reichweiteangaben entsprechen den FAR-Richtlinien unter ISA-Bedingungen.

Technische Daten

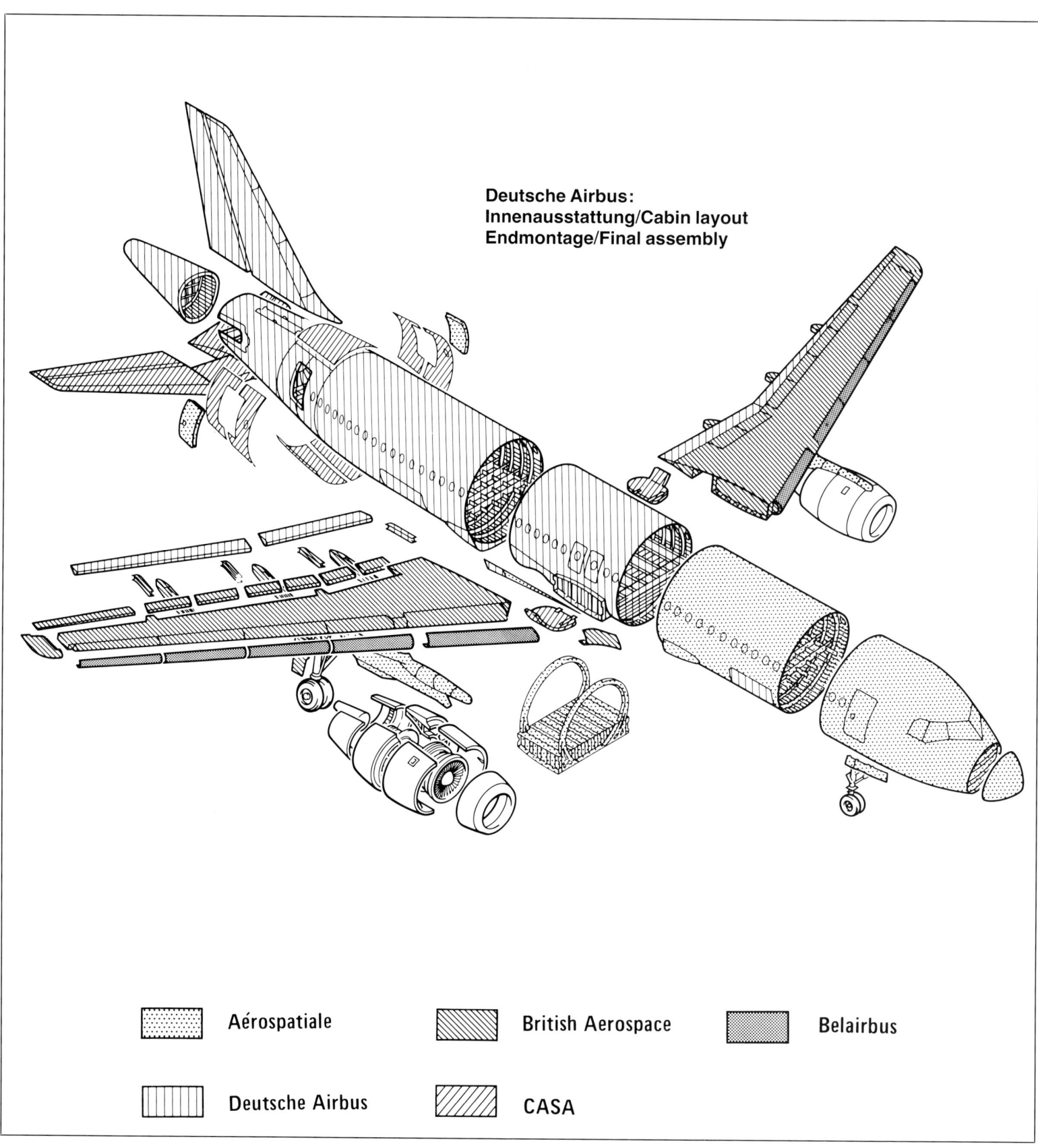

Bauaufteilung A 320

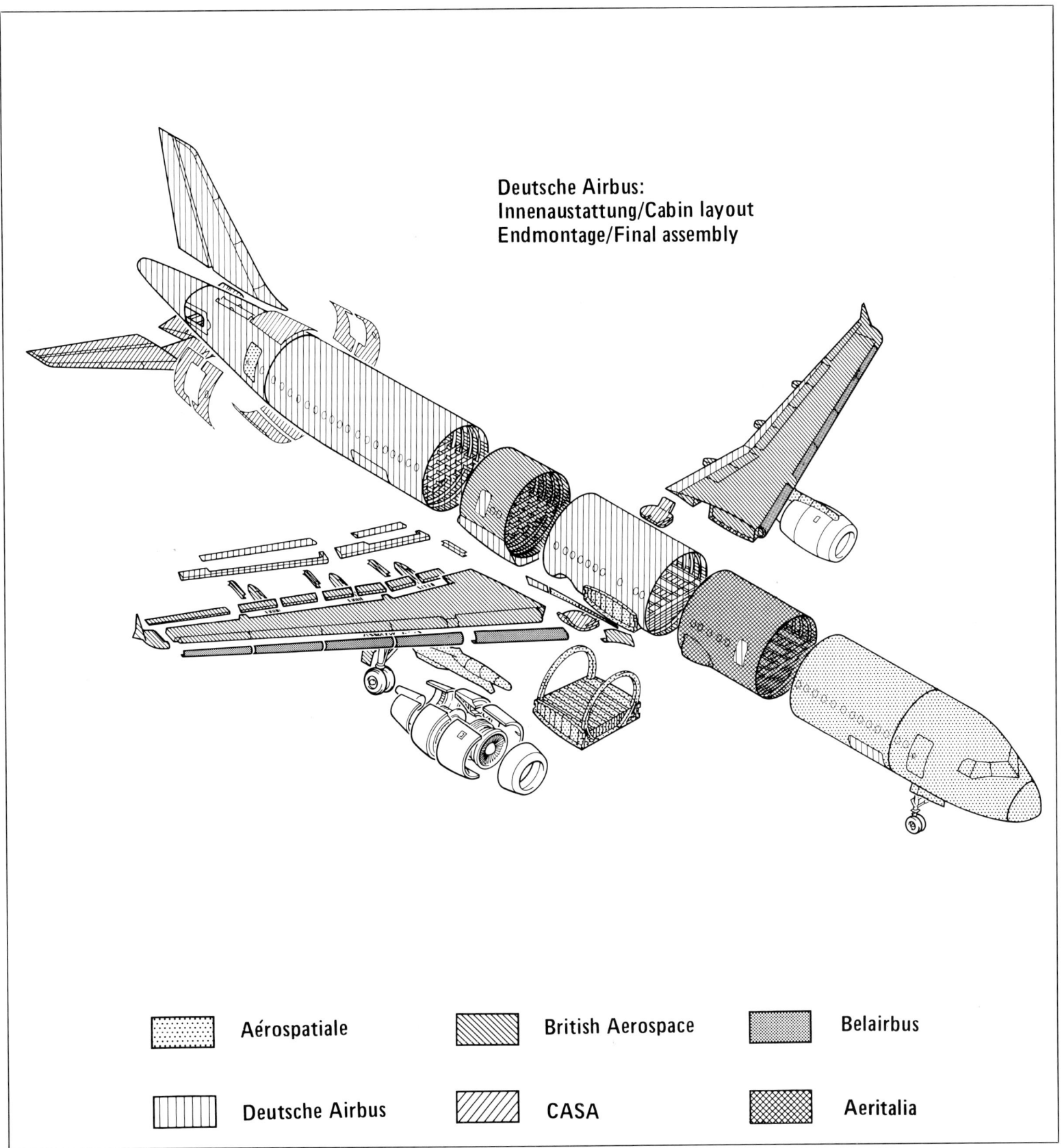

Bauaufteilung A321

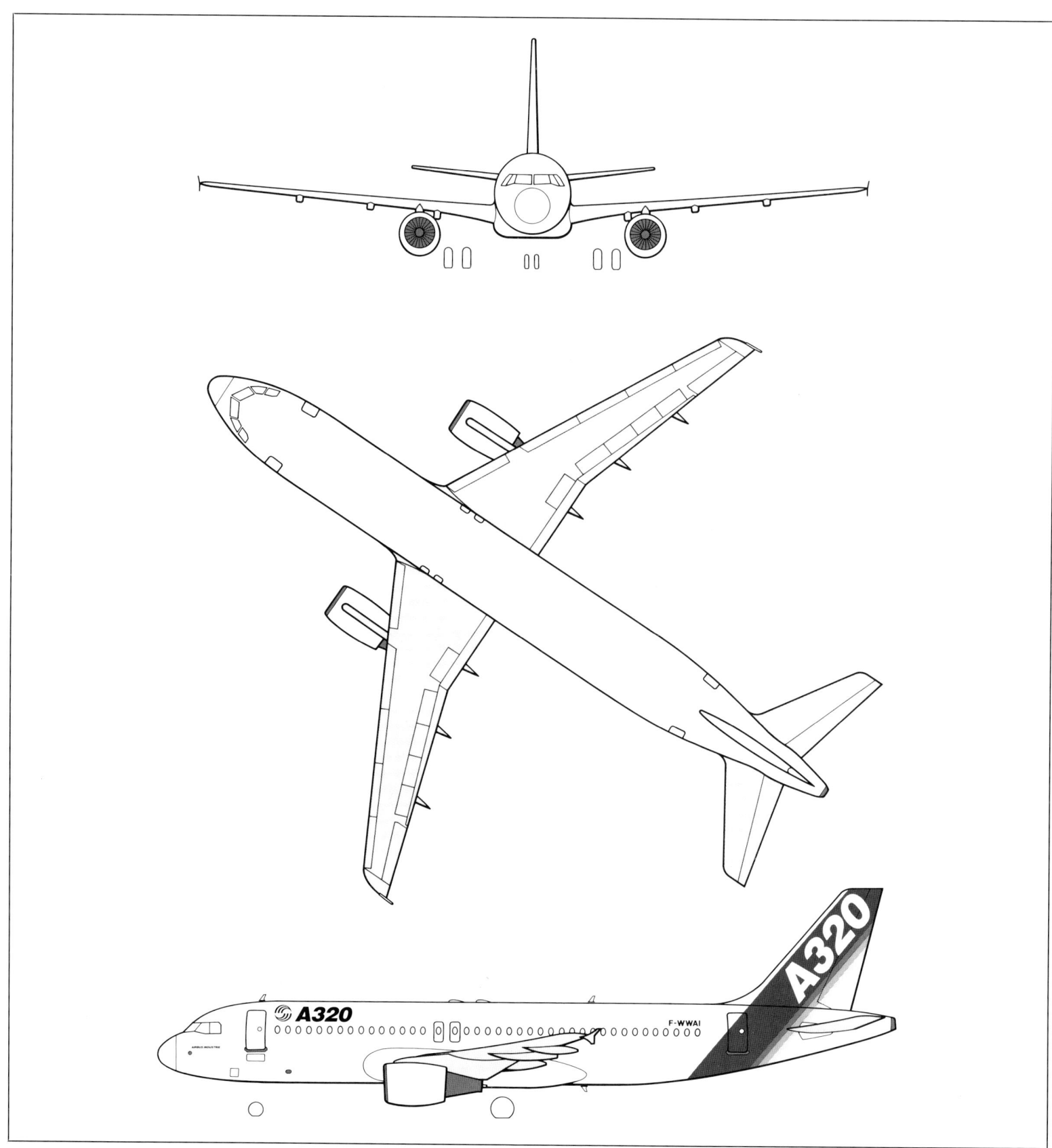

Dreiseitenansicht A 320

Dreiseitenansicht A 321

Nachtrag

Es war nicht immer einfach, das Material für dieses Buch aufzuspüren und zu verarbeiten. Es war ebenfalls nicht einfach, das Buch termingerecht abzuschließen. Ohne fremde Hilfe, das geben die Autoren gerne zu, hätten die vorangegangenen Seiten wohl kaum geschrieben werden können. Deshalb sei an dieser Stelle all denen gedankt, die uns mit ihrem eigenen Engagement, mit freundlicher Duldung und auch mit fleißiger Schreibarbeit entscheidende Unterstützung gewährt haben:
Reinhardt Abraham, Pierre Baud, Bodo Bondzio, Udo Günzel, Sigrid Hanekopf, Rüdiger Grube, Dieter Harms, Eberhard Haubold, Michael Herr, Wolfgang Issel, Ariane Kall, Christian Klick, Barbara Kracht, Felix Kracht, Chris Krahe, Hartmut Mehdorn, Odilo Mühling, Gerd Rebenich, Sigrid Schütz, Rolf Stüssel, Renate Verres, Mark Zielazny.

Karl Morgenstern und Dietmar Plath

Bildhinweise

Fotos:

Alle Fotos stammen, wenn nicht anders angegeben, von Dietmar Plath

Weitere Fotos:

Airbus Industrie:
12, 13, 19, 20, 35, 37, 46, 48, 70, 71, 80, 94/95, 98, 100, 105, 116, 117, 120;
Boeing: 15
Bodo Bondzio: 92/93, 96
Deutsche Airbus: 55
Michael Herr: 30/31
Deutsche Lufthansa: 33, 34, 83, 85, 88
Knut Marsen: 72
MTU: 51
Ingo Röhrbein: 77

Zeichnungen und Skizzen:

Deutsche Airbus: 57, 127
Soderberg/Porsche: 23
Peter Oakley Swain/Deutsche Airbus: 54, 132, 133
Tony White/Deutsche Airbus: 65, 125, 130, 131

GIGANTEN DER LUFTFAHRT

Hans-Jürgen Becker
**Flugzeuge,
die Geschichte machten...
CONCORDE**
Die fesselnde Entwicklungsgeschichte dieses riesigen und bislang einzigen Verkehrsflugzeuges, dessen Reisegeschwindigkeit bei der doppelten Schallgeschwindigkeit (Mach 2) liegt – mit allen Details und Hintergrundinformationen zu Konstruktion, Technik und Triebwerkskonfigurationen.
152 Seiten, 112 Abbildungen,
12 farbig, gebunden,
48,- Bestell-Nr. 01419

Hans Redemann
**Die bahnbrechenden
Konstruktionen
im Flugzeugbau**
Richtungsweisende Flugzeug-Konstruktionen, vom „Flyer I" der Gebrüder Wright über die strahlgetriebene Heinkel He 178 bis hin zum Überschall-Airliner „Concorde": Geschichte, Technik und Entwicklung, Daten und Fakten. Ein Prachtband mit vielen Fotos und exakten Dreiseitenrissen.
248 Seiten, 310 Abb., gebunden,
69,- Bestell-Nr. 01293

Green / Swanborough
**Das große Buch
der Passagierflugzeuge**
Ein hervorragend illustriertes Nachschlage- und Informationswerk über die heutigen Verkehrsflugzeuge, die Fluggesellschaften und die Technologien in Cockpit, Kabine, Zelle und Triebwerk. Alle wichtigen Maschinen werden großformatig im Bild präsentiert.
208 Seiten, 275 Farb-Abb., geb.,
69,- Bestell-Nr. 30195

David Oliver
**Flugboote und Amphibien-
Flugzeuge seit 1945**
Eine umfassende Dokumentation über die revolutionären Entwicklungen der letzten 40 Jahre in Wort und Bild: Alle Typen aller Nationen in lückenlosen Beschreibungen und mit den genauen Daten.
144 Seiten, 186 Abbildungen,
37 farbig, gebunden,
49,- Bestell-Nr. 01423

Stanley Stewart
400 Tonnen heben ab
Fliegen mit dem Großraumjet: Wie ist es eigentlich möglich, daß so ein „Monstrum" aus Metall, Gummi, Kunststoff und anderen Materialien überhaupt fliegen kann? Alle Fragen rund ums Flugzeug beantwortet anschaulich und spannend dieses neue Handbuch. Es vermittelt einen hervorragenden Einblick in den gesamten Arbeitsablauf am Boden und in der Luft.
296 Seiten, 137 Abb., gebunden,
39,80 Bestell-Nr. 01271

Reinhard Kutter
Flugzeug-Aerodynamik
Warum fliegt ein Flugzeug? Die Probleme des Fliegens und ihre technischen Lösungen werden hier leicht verständlich und trotzdem mit der notwendigen Präzision erläutert. Das Buch wendet sich an alle an der Luftfahrt interessierten Leser, die sich zum Thema Aerodynamik und Technik weitestgehend informieren möchten, wie auch an angehende Piloten und Berufspiloten, denen zusätzlich der vollständige Prüfungsstoff nach den Richtlinien des Bundesministers für Verkehr geboten wird.
142 Seiten, 174 Abb., gebunden,
39,- Bestell-Nr. 10956

Erich H. Heimann
**Die Flugzeuge
der Deutschen Lufthansa
1926 bis heute**
Mit diesem Buch wird anhand zahlreicher historischer Abbildungen und vieler aktueller farbiger Fotos ein lückenloser Überblick über die Flotte der alten wie auch der neuen Lufthansa geboten. Mit vielen der gezeigten Typen sind aufsehenerregende Pionierleistungen und Neuerungen im Luftverkehr verbunden. So vermittelt das Werk zugleich ein Stück deutscher Luftfahrtgeschichte.
368 Seiten, 388 Abb., gebunden,
69,- Bestell-Nr. 01123

Ernst Peter
Der Weg ins All
Meilensteine der bemannten Raumfahrt: Von den Raketenflugzeugen über die Apollo- und Sojus-Projekte bis zu den All-Stationen der Zukunft. Ernst Peter macht die konstruktiven, physikalischen und politischen Hintergründe in seinem fesselnden Buch allgemeinverständlich.
304 Seiten, 233 Abb., gebunden,
49,- Bestell-Nr. 01237

Änderungen vorbehalten

Der Verlag für Luftfahrtbücher
Postfach 10 37 43 · 7000 Stuttgart 10

Faszination Fliegen

Wer sich für Luft- und Raumfahrt interessiert und dazu noch aktuell und lückenlos informiert sein will, findet in der FLUG REVUE die richtige Zeitschrift für ein faszinierendes Thema.

Die FLUG REVUE berichtet über alles Wissenswerte aus den Bereichen Zivil- und Militärluftfahrt, Geschäfts- und Privatfliegerei, Raumfahrt, Forschung, Technik, Entwicklung und Historie.

Die FLUG REVUE – Deutschlands größte Zeitschrift für Luft- und Raumfahrt. Jeden Monat neu.

FLUG REVUE flugwelt International

Überall im Zeitschriftenhandel erhältlich